Die mathematische Realität

Warum Raum und Zeit eine Illusion sind

Alexander Unzicker

Copyright © 2019 Alexander Unzicker
Korrigierter Nachdruck 2020/10
Alle Rechte vorbehalten.
ISBN-13: 9781713256168

Inhaltsverzeichnis

Vorwort 3

Teil I: Eine kurze Geschichte der Physik 7

1 Götter, Naturkonstanten und Niederlagen des Verstandes 9

2 Einfachheit im Großen und Kleinen: Gravitation und Quanten 22

3 Wärme, Strahlung und Materie: Die moderne Physik entsteht 41

4 Kosmologie erklärt die Gravitationskonstante 59

Teil II: Das Ende von Raum und Zeit 71

5 Der Kosmos ohne Expansion: die Atome werden kleiner 73

6 Revolutionen, die noch nicht stattgefunden haben 85

7 Die Masse und das Rätsel der physikalischen Einheiten 99

8 Endliche Lichtgeschwindigkeit: die subtile Anomalie .. 111

9 Widerspenstige Atome: noch ein Problem für Newton 121

Teil III: Das mathematische Universum 135

10 Mögliche Alternativen für Raum und Zeit 137

11 Die dreidimensionale Einheitskugel – voll Überraschungen 155

12 Wie sich die S^3 in der Realität zeigt 179

13 Ungelöstes, Verrücktes und reine Mathematik 199

Ausblick 209

Dank 211

Literatur 212

Bildnachweise 214

Teil I: Eine kurze Geschichte der Physik

Vorwort

Dieses Buch handelt von fundamentaler Physik. Diese hat den Anspruch, aus Naturbeobachtungen vom Kosmos bis zu den Elementarteilchen ein konsistentes Bild der Realität zu formen. Der Zugang, den ich hier vorstelle, fußt auf der Methode, Naturkonstanten zu untersuchen und deren Ursprung zu hinterfragen. Eine gründliche Analyse der Physikgeschichte lässt dabei keinen anderen Schluss zu, als dass es ein schwerwiegendes Problem mit dem gibt, was wir seit Jahrhunderten als Grundlage der Realität ansehen: Raum und Zeit. Diese mögen die der menschlichen Sinneswahrnehmung zugänglichsten Begriffe sein, sind jedoch wahrscheinlich für ein grundlegendes Verständnis der Natur ungeeignet.

Aus dieser Analyse folgt auch, dass die derzeitigen Vorstellungen in der Physik, insbesondere die Standardmodelle der Teilchenphysik und Kosmologie, zu einem wirklichen Verständnis wenig beitragen. Leser, die diesen Modellen mit einer gewissen Skepsis gegenüberstehen, werden dafür weitere Argumente finden, jedoch steht die Kritik an der zeitgenössischen Physik nicht im Vordergrund.[1] Stattdessen möchte ich mich unter dem Gesichtspunkt der Naturkonstanten auf das bisher Erreichte und die ungelösten Probleme konzentrieren und schließlich die mathematischen Alternativen darstellen, die Raum und Zeit ersetzen könnten.

Dies ist keine Ankündigung einer Weltformel, jedoch eröffnet sich eine neue Perspektive, welche Aufgaben die fundamentale Physik lösen kann und muss, um zu einem befriedigenden Verständnis der Realität zu kommen. Am Ende steht dabei die Suche

---

[1] Sie findet sich detailliert in meinen Büchern *Vom Urknall zum Durchknall* (2010) und *Auf dem Holzweg durchs Universum* (2019).

nach mathematischen Objekten, deren Eigenschaften die vielfältigen Phänomene der Physik auf rein mathematische Notwendigkeiten zurückführen sollen. Aufgrund der enormen Schwierigkeiten sind diese Gedanken vorläufig und auch teils spekulativ, folgen jedoch streng der Methode, keine willkürlichen Annahmen einfließen zu lassen, die in einer rationalen Beschreibung der Welt keinen Platz haben.

Aus diesem Grund ist dieses Buch auch besonders an Mathematiker gerichtet, deren Aktivitäten von der derzeitigen theoretischen Physik oft fehlgeleitet werden, aber einen wichtigen und spannenden Beitrag zum Verständnis der Natur liefern könnten, insbesondere, was die Erforschung der dreidimensionalen Einheitssphäre betrifft, die in diesen Überlegungen eine große Rolle spielt.

Physiker naturphilosophischer Prägung, die in der Tradition von Einstein, Schrödinger und Dirac darüber nachdenken, „was die Welt im Innersten zusammenhält", werden darin Orientierung finden, was die Physik erreichen kann. Aber auch Nicht-Naturwissenschaftler werden mit den historisch-methodischen Argumenten der folgenden Kapitel nachvollziehen können, dass die Physik ein neues Paradigma benötigt, das über die Begriffe von Raum und Zeit hinausgeht. Dabei können die grau unterlegten Einschübe, die mathematisches Vorwissen erfordern, auch übersprungen werden, ohne dass der Gesamtzusammenhang verloren geht.

Umgekehrt erfordert es für Wissenschaftler eine gewisse Geduld, die Geschichte der Physik unter einem neuen methodischen Gesichtspunkt zu betrachten, und wer an den grundlegenden Konsequenzen für Raum und Zeit interessiert ist, mag zum Überspringen des ersten oder zweiten Teils versucht sein. Für das Verständnis fundamentaler Zusammenhänge von Raum und Zeit und ein Bewusstsein dafür, wie weit die aktuellen Modelle davon

Vorwort

entfernt sind, ist jedoch eine Analyse der Wissenschaftsgeschichte unabdingbar.

Nur sie bildet ein solides Fundament, auf dem die vielleicht sonst verwunderlich klingenden Thesen über Raum und Zeit aufbauen können. Umso wichtiger ist es mir, dass Sie zunächst den historisch unbestreitbaren Fakten folgen, aber auch die typischen Muster im Ablauf wissenschaftlicher Revolutionen erkennen. Diese Zusammenhänge werden klarer, wenn wir auch die kognitiven Mechanismen betrachten, mit denen Homo sapiens die Natur zu ergründen suchte.

München, im Dezember 2019   *Alexander Unzicker*

Teil I: Eine kurze Geschichte der Physik

Vorwort

Teil I: Eine kurze Geschichte der Physik

„Ich kann mir keine einheitliche und vernünftige Theorie vorstellen, die eine explizite Zahl enthält, welche die Laune des Schöpfers ebenso gut anders hätte wählen können..." – Albert Einstein

Teil I: Eine kurze Geschichte der Physik

1 Götter, Naturkonstanten und Niederlagen des Verstandes

Man stelle sich vor, welchen Anblick der klare Sternenhimmel zur Steinzeit – ohne Smog, Lichtverschmutzung und alle weiteren Belästigungen der modernen Zivilisation – geboten haben mag. Mit Sicherheit haben die ersten Menschen auch schon fasziniert die Gestirne betrachtet und die Gesetze des sich wiederholenden Schauspiels zu ergründen versucht. In den frühen Jäger- und Sammlerkulturen entwickelten sich erstmals Mythologien, die von den unerklärlich scheinenden Naturphänomenen inspiriert waren. Im alten Ägypten wurde das Auftauchen von Sirius kurz vor der Nilschwemme als Signal zum Bestellen der Felder verstanden. So sind wir Menschen: Wir suchen nach Zusammenhängen, auch wenn diese in Wirklichkeit vielleicht gar nicht kausal sind. Es lag damals nahe, das Himmelsschauspiel mit höheren Mächten wie dem Sonnengott Re in Verbindung zu bringen. Wer anders könnte den Lauf der für Menschen unerreichbaren Gestirne lenken?

Im alten Babylon und in Griechenland fing man schließlich an, die „Wanderer" am Sternenhimmel – die Planeten – systematisch zu beobachten und zu identifizieren. Zweifellos handelte es sich dabei auch schon um eine Form von Wissenschaft. Jedes Weltbild hat jedoch seine Grenzen, die sich dem momentanen Verständnis entziehen. In der Antike wurden die noch nicht erklärbaren Phänomene als Götter bezeichnet, aber es gibt dazu durchaus moderne Parallelen. Die Vermutung, dass nicht die Laune einzelner Götter, sondern ein großes System hinter der Bewegung der Planeten stehe, könnte man sogar als einen frühen Versuch interpretieren, eine „einheitliche" Theorie des Universums zu schaffen – etwas, wovon Physiker bis heute träumen.

MITTELALTERLICHE ASTRONOMIE – WILLKÜRLICHE ZAHLEN

Aber trotz des Postulates eines einzigen, allmächtigen Gottes war die mittelalterliche Astronomie gezwungen, den einzelnen Planeten eine Reihe von individuellen Eigenschaften zuzuschreiben. Dass sich im Prinzip alle auf Kreisbahnen um die Erde bewegten, wurde vorausgesetzt. Zur Erklärung der merkwürdigen Rückwärtsbewegungen[1] der Planeten wurde dann aber ergänzend angenommen, dass auf den großen Kreisen kleinere montiert seien, sogenannte Epizykel. Als genauere Beobachtungen zeigten, dass die Bewegungen damit immer noch nicht genau beschrieben werden konnten, führte man weitere Größen ein, etwa den sogenannten Exzenter, der angab, wie weit der Kreis auf dem Kreis von seinem ursprünglichen Mittelpunkt verschoben war. Eine intellektuell unbefriedigende Annahme, jedoch musste man in Ermangelung einer besseren Erklärung die Existenz dieser willkürlichen Größen akzeptieren – göttliche Zahlen eben, die sich dem menschlichen Verständnis entzogen.

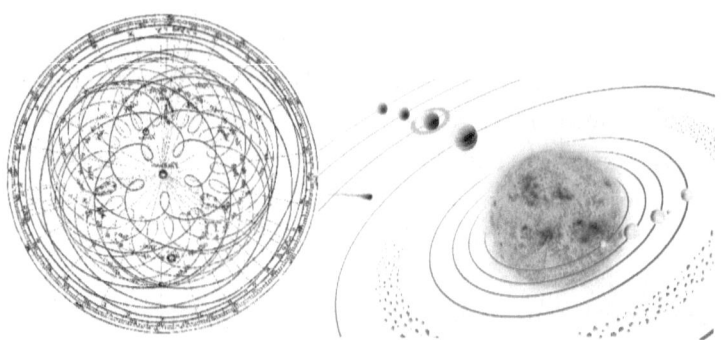

Geozentrisches (links) und heliozentrisches (rechts) Weltbild nach Kopernikus. Die äußerst komplizierten Planetenbahnen im geozentrischen Modell waren vielen Forschern suspekt.

„Jedes fehlerhafte Modell kann gerettet werden, wenn man sich auf solche Fummeleien einlässt", kommentiert Simon Singh

1 Götter, Naturkonstanten und Niederlagen des Verstandes

in seinem Buch *Big Bang* die Epizykel. Trotzdem war die damalige Vorstellung eines geozentrischen Weltbildes keineswegs absurd. Die Geschichte lehrt hier lediglich, dass sich das theoretische Verständnis nicht immer im Gleichschritt mit den Beobachtungen entwickelt.

Das System des bis ins Mittelalter akzeptierten geozentrischen Weltbildes wird heute deswegen als Stillstand betrachtet, weil es keine wirklichen Erklärungen hervorbrachte, sondern sich mit der Beschreibung durch immer willkürlichere Begriffe zufriedengab – gottgegebene Zahlen, mit denen der Allmächtige eben die Planeten und ihre Bahnen ausgestattet hatte. Als König Alfonso X. von Kastilien („der Weise") in der Bibliothek von Toledo dieses komplizierte Epizykelmodell zu Gesicht bekam, soll er ausgerufen haben: „Hätte mich der Herrgott bei der Schöpfung um Rat gefragt, hätte ich etwas Einfacheres empfohlen!"

MIT DER MATHEMATIK AUF EINE NEUE ERKENNTNISSTUFE

Andererseits liegt es wohl in der Natur von Homo sapiens, dass er die Grenzen seiner momentanen Erkenntnis nicht als solche wahrnimmt – Götter oder gottgegebene Zahlen: Was im Moment nicht erklärt werden kann, wird als nicht erklärbar deklariert: „ver" -klärt eben. Regelmäßig ist es sogar die Elite der Wissenschaft, die solche absoluten Grenzen des Wissens postuliert – wohl unbewusst auch deswegen, um nicht mit dem eigenen Scheitern konfrontiert zu sein. Daher ist eine respektvolle historische Betrachtung des ptolemäischen Weltbildes wichtig, ebenso wie die Kenntnis der Mechanismen, die zum Durchbruch des Verständnisses geführt haben.

Kopernikus erfasste wohl intuitiv,[2] dass die Sonne und nicht die Erde das Zentrum der Bewegung sein könnte, was die kompliziert erscheinenden Bewegungen sehr viel einfacher abbildete.

Johannes Kepler schließlich folgerte mithilfe der präzisen Messungen des dänischen Astronomen Tycho Brahe, dass die Bahnen um die Sonne Ellipsen waren und keine Kreise – eine spektakuläre Erkenntnis, die plötzlich eine entscheidende Rolle der Mathematik in den Naturgesetzen offenbarte. Galileo Galilei, der das alte geozentrische Modell mit seinem neu entwickelten Teleskop widerlegte, tat daraufhin seinen berühmten Ausspruch, das Buch der Natur sei „in der Sprache der Mathematik geschrieben". Isaac Newton schließlich entwickelte neue Methoden der Mathematik und ein genial konstruiertes System von physikalischen Begriffen, welches die Grundlage schuf, die Planetenbewegungen auf einer ganz anderen intellektuellen Stufe zu verstehen. Ausgehend von der Vision, die Bewegung der Himmelskörper folge der gleichen Kraft wie jener, die wir auf der Erde spüren, konnte er zeigen, dass sich Planeten aufgrund dieser Kraft exakt auf den keplerschen Ellipsenbahnen bewegten – ein Triumph der menschlichen Erkenntnis, der sicherlich bis heute seinesgleichen sucht und den Beginn der modernen Naturwissenschaft markierte.

AM ENDE STAND DIE EINFACHHEIT

Halten wir uns nochmals die entscheidenden Aspekte dieser wissenschaftlichen Revolution vor Augen. Oft hervorgehoben, aber nicht so entscheidend ist, dass das neue System die Planetenbahnen noch genauer beschrieb als das ptolemäische System. Wichtiger sind die prominente Rolle der Mathematik, die in den Naturgesetzen plötzlich offenbar wurde, und die Tatsache, dass es sich um eine Vereinheitlichung handelte – die Verbindung von irdischer Schwerkraft und himmlischer Gravitation, die in nie dagewesener Weise den menschlichen Wunsch nach Verständnis befriedigte. Die Suche nach Ursachen, das Aufdecken von Zusammenhängen, das mit primitiven Hypothesen der Steinzeitmenschen begonnen haben mag, fand hier seinen Höhepunkt.

1 Götter, Naturkonstanten und Niederlagen des Verstandes

Der methodisch entscheidende Aspekt – und diese Erkenntnis wird uns im ganzen Buch begleiten – ist jedoch, dass revolutionäre Durchbrüche mit einer *Vereinfachung* der Theorie einhergehen. Konkret heißt das hier, dass in der Newtonschen Theorie viel weniger willkürliche Annahmen, viel weniger unerklärte Parameter auftauchten – nämlich statt der vielen Epizykel nur einer: die nach Newton benannte Gravitationskonstante G, die nach heutigen Messungen den Wert $6{,}673 \cdot 10^{-11}$ m^3/(s^2 kg) hat.[1]

Dreihundert Jahre später hat der Philosoph Thomas Kuhn in seinem Werk *Die Struktur wissenschaftlicher Revolutionen* das Wechselspiel zwischen neuen Beobachtungen und einem immer komplizierter werdenden Erklärungssystem brillant herausgearbeitet. Zu komplizierte Modelle kollabieren schließlich in einer Revolution zu etwas Einfachem, das intuitiv als richtig erkannt wird. Im ptolemäischen System waren die Grenzen des Unwissens verkleidet in Dutzenden von gottgegebenen Zahlen. Sie wurden mit einem Schlag obsolet und durch einen einzigen Parameter ersetzt: die Gravitationskonstante G. Der entscheidende erkenntnistheoretische Fortschritt des modernen heliozentrischen Weltbildes lag genau in dieser Verringerung der Zahl willkürlicher Annahmen, die man über die Natur treffen musste. Newton hatte sozusagen viele Götter bzw. gottgegebene Zahlen in Rente geschickt und sie mit einem „monotheistischen" Konzept (der Gravitationskonstante) ersetzt – wie man aus der Geschichte weiß, sehr zum Missvergnügen der Kirchenfürsten auf Erden, die ab diesem Zeitpunkt jedoch ihren Status als intellektuelle Anführer der Menschheit verloren und an jene abtreten mussten, die wir heute Wissenschaftler nennen.

---

[1] Nicht zu verwechseln mit der Erdbeschleunigung $g=9{,}81$ m/s^2, die nur auf unserem Planeten Bedeutung hat und sich aus dem Radius der Erde r, ihrer Masse M und G berechnen lässt: $g = GM/r^2$. G hat damit eine weitaus fundamentalere Bedeutung als g. Dass die Messung von G viel später erfolgte, ist für diese methodische Betrachtung nicht erheblich.

NATURKONSTANTEN – MOMENTANE GRENZEN DER ERKENNTNIS

Die Wissenschaftsgeschichte zeigt, dass es nicht auf Bezeichnungen ankommt, sondern auf die Funktion im System. Wissenschaftler haben heute die Rolle der Welterklärer inne, gleich den mittelalterlichen Theologen; was früher Gott hieß, nennen wir heute Naturgesetze. Die in diesen Naturgesetzen auftauchenden Zahlen bezeichnen wir heute als Naturkonstanten, und sie unterscheiden sich in ihrer Funktion recht wenig von den gottgegebenen Parametern der Epizykel. Nach wie vor gibt es Grenzen des Wissens.

Denn auch heute finden sich in den Gesetzen der Physik eine Reihe von Naturkonstanten, die nicht weiter gerechtfertigt werden – da sie von der Elite der Wissenschaftler nicht erklärt werden können, gelten auch sie als unerklärbar. Natürlich repräsentieren diese Konstanten ein viel höheres Niveau der Erkenntnis als Planetengötter, durch ihre geringere Anzahl und durch den Grad an mathematischer Abstraktion, der zu ihrer Destillation aus den Beobachtungen erforderlich war. Aber letztlich ist der Übergang von Göttern zu Naturkonstanten doch nur ein gradueller Fortschritt. Wir glauben an diese Konstanten, weil wir trotz aller Anstrengung weder ihre Existenz als solche, noch ihre merkwürdigen Zahlenwerte erklären können. Die Bedeutung dieser Zahlen für das Universum verleiht ihnen eine fast mystische Aura, welcher wir uns gläubig ergeben: Naturkonstanten sind moderne Götter.

Während es Newtons großer Erfolg war, die bis dahin unerklärten Naturkonstanten auf eine einzige (G) zu reduzieren, gesellten sich im Laufe der Zeit weitere Konstanten hinzu: Im Jahr 1676 beobachtet der dänische Astronom Ole Rømer, dass sich Licht mit einer endlichen Geschwindigkeit ausbreitet, was Newton zwar akzeptierte, aber nicht erwartet hatte. In Folge der

1 Götter, Naturkonstanten und Niederlagen des Verstandes

kopernikanischen Wende (man beachte: Die himmlischen Kräfte konnten mit irdischen Mitteln, im Labor, untersucht werden!) wandten sich die Forscher schon bald weiteren Naturbeobachtungen zu und entdeckten im 18. Jahrhundert Elektrizität und Magnetismus, wofür man ebenfalls neue Naturkonstanten einführte. Schließlich zeigten sich Anfang des 20. Jahrhunderts in der Atomphysik eine Reihe von irritierenden Phänomenen, die man mit dem sogenannten Planckschen Wirkungsquantum h beschreibt, welches als eine der wichtigsten Naturkonstanten gilt. Seine Bedeutung hatte Einstein als Erster erkannt.

All diese Entwicklungen waren mit großartigen Erkenntnissen, profunden mathematischen Einsichten und manchmal wunderbarer Vereinigung von scheinbar unterschiedlichen Phänomenen verbunden. Wir werden in nachfolgenden Kapiteln sehen, dass dabei – jedenfalls in der Zeit der grundlegenden Entdeckungen – immer weniger willkürliche Konstanten gebraucht wurden. Aber trotz dieser Erfolge benötigt die Physik nach wie vor etliche dieser Konstanten, um die Phänomene der Natur zu beschreiben. Und genau bei diesen stößt unser sicherlich weit fortgeschrittenes Wissen an seine Grenzen.

Anders als die meisten Physiker bin ich überzeugt, dass diese Naturkonstanten keine absolute Grenze unserer Erkenntnis darstellen, sondern unser momentan noch beschränktes Verständnis markieren. Die Grundlagenforschung gibt sich mit diesen Begriffen zufrieden, weil sie das noch nicht Erklärbare als unerreichbar verklärt. Eine gründliche methodische und historische Reflexion zwingt jedoch, eine Alternative zu erwägen: Die vermeintliche Existenz von Naturkonstanten bedeutet schlicht, dass wir Entscheidendes noch nicht verstanden haben. Es gibt keine Naturkonstanten, ebenso wenig wie es Götter gibt.

PHYSIK BEDEUTET NATURPHILOSOPHIE

Bevor wir die Konsequenzen dieser These untersuchen, machen Sie sich bitte bewusst, dass es sich nicht um ein physikalisches Resultat im konventionellen Sinne handelt. Theoretisch könnte es solche Naturkonstanten sicher geben, genauso wie es Götter geben *könnte*, die die Welt regieren. Es ist also eine naturphilosophisch motivierte Arbeitshypothese, unter der ich die Physik betrachten möchte – eine Hypothese, für die zwar methodisch und historisch viel spricht, die aber dennoch keineswegs allgemein akzeptiert ist – wie das atheistische Ansichten so an sich haben.

Vielmehr wird die Existenz von Naturkonstanten von praktisch keinem der heutigen Physiker angezweifelt. Der Gedanke, Naturkonstanten als solche zu hinterfragen, hat jedoch gewichtige Vorläufer – nicht zuletzt Albert Einstein, der sich in späteren Jahren sehr intensiv mit dem Thema auseinandergesetzt hat.[3] Seine Bemerkungen über das Wesen von Naturkonstanten sind zu Unrecht unbekannt, ebenso wie seine naturphilosophische Herangehensweise an die Physik, die er mit anderen Großen seiner Zeit teilte: Erwin Schrödinger, Paul Dirac, aber auch mit dem Wiener Philosophen Ernst Mach, der zum Verständnis der Gravitation besonders viel beigetragen hat. Es wird sie möglicherweise überraschen, wie sehr sich die folgenden Kapitel auf das frühe 20. Jahrhundert beschränken und die weitere Entwicklung der Physik ausgeklammert wird. Im Hinblick auf grundlegende Fragen ist diese jedoch weitgehend irrelevant. Behalten Sie bitte dabei im Auge, dass sich meine Argumentation letztlich auf diese zentrale These stützt: In einer rationalen Naturbeschreibung kann kein Platz für Naturkonstanten sein. Götter, wie sie sich auch immer benennen, haben in der Realität nichts zu suchen.

1 Götter, Naturkonstanten und Niederlagen des Verstandes

EINE SIMPLE DEFINITION VON EINFACHHEIT

Daher kann man umso mehr Vertrauen in eine physikalische Theorie setzen, je weniger Naturkonstanten sie benötigt. Somit lässt sich das Qualitätskriterium der Einfachheit von Theorien ganz nüchtern festlegen: je weniger freie Parameter, also willkürliche Zahlen eine Theorie benutzt, desto einfacher ist sie. Dabei gibt es keinen prinzipiellen Unterschied zwischen diesen oft ad-hoc eingeführten freien Parametern und Naturkonstanten. Letztere haben oft eine lange Entdeckungsgeschichte hinter sich und gelten mit einer gewissen Berechtigung als fundamentaler, weil sie einen breiten Anwendungsbereich haben; dennoch handelt es sich um unerklärte Zahlen. Wir werden daher im Folgenden zunächst jede quantifizierbare Beobachtung der Natur als Naturkonstante auffassen. Die Anzahl dieser freien Parameter kann man relativ leicht bestimmen, sogar Physiker mit gänzlich unterschiedlichem Weltbild werden sich darüber im Prinzip einigen können. Im Moment haben die Standardmodelle der Teilchenphysik und der Kosmologie insgesamt über hundert freie Parameter, und Sie werden vielleicht nun denken, dass mir das Kriterium der hier offenbar fehlenden Einfachheit gelegen kommt, diese Konstruktionen anzugreifen.

Tatsächlich ist es aber nicht eine philosophische Laune, Einfachheit zu postulieren, sondern ein konsequentes Weiterdenken der Wissenschaftsgeschichte. Es gibt schlicht historische Evidenz dafür, dass revolutionäre Erkenntnisse stets mit einer Vereinfachung in dem oben beschriebenen Sinne einhergingen, also die Anzahl der freien Parameter verringerten. Dieser Prozess der Vereinfachung zieht sich wie ein roter Faden durch sämtliche Gebiete der Physik (wahrscheinlich überhaupt der Naturwissenschaften), und wir werden ihn in den folgenden Kapiteln konkret betrachten.

IRRLICHTER DER GEGENWARTSPHYSIK

Als notwendige Zwischenbemerkung müssen hier einige in der modernen Physik verbreitete Gemeinplätze erwähnt werden, die das eigentliche Problem vernebeln und nur scheinbar mit den oben ausgeführten Argumenten übereinstimmen. Denn wenn wir die Anzahl der Naturkonstanten als Kriterium für Einfachheit verwenden, ist die Frage, was eine Naturkonstante ist, essentiell.

Ein schwerwiegender Denkfehler, der in der derzeitigen theoretischen Physik kolportiert wird, ist, nur „dimensionslose" Naturkonstanten als fundamental zu betrachten. Darunter versteht man solche, die reine Zahlenwerte aufweisen, wie zum Beispiel das Massenverhältnis von Proton zu Elektron 1836,15... (zwei Teilchen, die das Wasserstoffatom formen), oder die Zahl 137,035999... jener Feinstrukturkonstante[I] die auch z. B. Richard Feynman als „verdammt großes Rätsel" der Physik bezeichnet hatte. Diese Zahlen sind tatsächlich mysteriös und bis heute unerklärt.[II]

Es ist aber völlig irreführend zu behaupten,[4] die Gravitationskonstante G mit dem Wert $6{,}673 \cdot 10^{-11}$ m³/(kg s²) sei deswegen nichts Fundamentales, weil sie in den physikalischen Einheiten Meter, Sekunde und Kilogramm ausgedrückt wird. Natürlich hat der Zahlenwert 6,673 keine besondere Bedeutung, weil die Ziffern anders aussähen, wären Meter, Sekunde und Kilogramm historisch anders definiert worden. Aber selbstverständlich bleibt G eine elementare Mitteilung der Natur über die Stärke der Gravitationskraft, die eben genau so und nicht halb, doppelt oder zehnmal so groß ist. Daher ist dieser Wert der Gravitationskonstante

---

[I] Technisch gesehen, der Kehrwert der Feinstrukturkonstante $\alpha = 1/137$.
[II] Von Dirac wird folgende Anekdote berichtet: Als ein junger Physiker ihm eine Idee zu einer neuen Theorie vortrug, unterbrach Dirac ihn mit den Worten: „Können sie die Feinstrukturkonstante berechnen? Nicht? Dann kommen Sie wieder, wenn Sie soweit sind!"

1 Götter, Naturkonstanten und Niederlagen des Verstandes

G eben schon erklärungsbedürftig, wenn wir die Natur gründlich verstehen wollen.

VERSTÄNDNIS STATT AUSREDEN

Gelegentlich wird argumentiert, wir lebten nur in einem von vielen Paralleluniversen, in denen alle anderen Zahlenwerte der Naturkonstanten realisiert seien. Unseres sei gemäß einem „anthropischen Prinzip" als einziges nicht „lebensfeindlich", weil angeblich nur die hiesigen Zahlenwerte die Entstehung von intelligentem Leben ermöglicht hätten – wofür es nicht den geringsten Beleg gibt,[1] abgesehen von dem Bruch in der Logik: intelligente Wesen zeichnen sich nun mal gerade dadurch aus, diese Zahlen erklären zu wollen.

Besonders leicht ist das Problem der fehlenden Erklärung bei der Lichtgeschwindigkeit c zu übersehen, ebenfalls einer fundamentalen Naturkonstante. Der Bequemlichkeit halber wurde sie inzwischen sogar auf einen Zahlenwert, 299792458 m/s, *definiert*, und die eigentliche Messung von c in die Definitionen des Meters und der Sekunde verschoben. Aber selbstverständlich stellt die Tatsache, dass die Natur dem Licht eine bestimmte Ausbreitungsgeschwindigkeit vorgibt, eine überraschende, tief rätselhafte Eigenschaft des Universums dar. Kann man sie aus purer Logik heraus erklären? Natürlich nicht, sonst wäre es vielleicht schon Newton gelungen. Daher ist c heute eine Grenze unserer Erkenntnis und wir müssen den Grund für ihre Existenz kennenlernen, wenn wir das Universum wirklich verstehen wollen.

Gleiches gilt für das Plancksche Wirkungsquantum h, auf das wir noch ausführlich eingehen. Auch hier sind die physikalischen Einheiten keineswegs irrelevant – wie wir in den folgenden

---

[1] Wohl alle in einer Welt mit etwas kleinerem G glücklich, abgesehen von Orthopäden.

Kapiteln sehen, führte die Betrachtung der Einheiten oft zu entscheidenden Durchbrüchen. Dennoch rechnet man in der theoretischen Physik heute oft „einheitenfrei" und setzt verschiedene Naturkonstanten gleich 1. Vom naturphilosophischen Standpunkt aus betrachtet ist dies eine unsinnige Mode, welche grundlegende Fragen verdeckt und weiteren Fortschritt erschwert.

ZURÜCK VOR NEWTON?

Denkt man über die Lichtgeschwindigkeit nach und stellt ihre Existenzberechtigung in Frage, hat dies allerdings schwerwiegende Konsequenzen für die Physik als Ganzes. Zwei Begriffe sind seit Jahrhunderten die Basis aller physikalischer Überlegungen: Raum und Zeit, deren Einheiten Meter und Sekunde durch die Lichtgeschwindigkeit verbunden sind. Es ist letztlich erklärungsbedürftig, ja höchst rätselhaft, *warum* die Realität sich in dieser 3+1-dimensionalen Form präsentiert. Weniger als die Anzahl der Dimensionen ist dabei der *qualitative* Unterschied zwischen Raum und Zeit mysteriös.

Auch Newton sah sich außer Stande, diese elementaren Begriffe herzuleiten und postulierte einen euklidischen (geraden) Raum und eine gleichmäßig ablaufende Zeit als Basisgrößen, die nicht weiter hinterfragt wurden. Vielleicht trug aber schon diese Grundlage seiner großen Erkenntnisse den Keim des Scheiterns in sich. Könnte es nicht sein, dass Raum und Zeit nur die der menschlichen Wahrnehmung leicht zugänglichen Begriffe sind, hinter ihnen sich aber elementarere Größen verbergen, welche die Realität zutreffender abbilden? Tatsächlich gibt es konkrete Hinweise darauf, dass Raum und Zeit fundamental ungeeignete Begriffe sind, das Buch der Natur korrekt zu entschlüsseln.

Schon die Lichtgeschwindigkeit c ist ein unerklärter, letztlich willkürlicher Parameter. Derartige Zahlen tauchen immer dann auf, wenn eine zu Grunde liegende Annahme falsch ist. Die irrige

1 Götter, Naturkonstanten und Niederlagen des Verstandes

Voraussetzung, die Sonne drehe sich um die Erde, produzierte eine ganze Reihe von Parametern, aber auch ein einziger überflüssiger Parameter wie c weist auf eine mögliche falsche Annahme hin: eben die Konzepte von Raum und Zeit. So ist die Existenz der Lichtgeschwindigkeit ein Widerspruch zur Newtonschen Mechanik, insbesondere weil sie auch als Grenzgeschwindigkeit für Materie gilt. Es gibt in der Newtonschen Mechanik keinen erkennbaren Grund, der es verbieten würde, Gegenstände auf beliebig hohe Geschwindigkeiten zu beschleunigen. Dass dies nicht geht, ist ein klassischer Fall einer Anomalie im Sinne von Thomas Kuhn, die darauf hindeutet, dass die Newtonsche Physik inkorrekt ist. Einstein hat Newtons Werk vor blanker Widerlegung gerettet, indem er die Gesetze der Dynamik mit seiner speziellen Relativitätstheorie elegant umschrieb – jedoch um den Preis, der Natur eine willkürliche Eigenschaft zu unterstellen: die Lichtgeschwindigkeit c.

AUFLÖSUNG DER KLASSISCHEN PHYSIK

Was für die Physik im Großen gilt, stellte sich ab 1900 auch im Kleinen heraus: die Newtonsche Physik funktionierte nicht mehr, was sich wieder im Auftreten einer neuen Naturkonstante äußerte: dem Planckschen Wirkungsquantum mit dem Wert $h = 6{,}626 \cdot 10^{-34}$ kg m^2/s, dessen Entstehungsgeschichte trotz des Namens untrennbar mit Albert Einstein verbunden ist. Die darauf aufbauende Theorie, seit 1920 bekannt als Quantenmechanik, gilt als unvereinbar mit der Relativitätstheorie, welche auf der Konstante c aufbaut. Konventionell wird diese Unvereinbarkeit als das größte noch zu lösende Problem der Physik gesehen. Wahrscheinlich ist es jedoch falsch gestellt. Die wichtigsten Theorien der Physik können gar nicht vereinigt werden, wenn sie auf falschen Voraussetzungen beruhen: nämlich den Konzepten von Raum und Zeit. Sowohl h als auch c sind Symptome der Unzulänglichkeiten der Newtonschen Physik.

Teil I: Eine kurze Geschichte der Physik

Bevor wir die Probleme von Raum und Zeit und die möglichen Alternativen diskutieren, ist jedoch eine gründliche Betrachtung der Wissenschaftsgeschichte unter dem Aspekt der Naturkonstanten nötig. Auch hier gilt die zentrale These des Buches: Naturkonstanten müssen letztlich erklärt werden, wenn man nach einer rationalen Beschreibung der Realität sucht.

> *„Ich möchte gerne ein Naturgesetz formulieren, das sich im Moment auf nichts anderes gründet als auf den Glauben an die Einfachheit, das heißt die Verstehbarkeit der Natur: Es gibt keine willkürlichen Konstanten ... das heißt, die Natur ist so gebaut, dass es logisch möglich ist, so stark festgelegte Gesetze aufzustellen, dass in diesen nur rational vollständig bestimmte Konstanten vorkommen."*
> – Albert Einstein

2 Einfachheit im Großen und Kleinen: Gravitation und Quanten

Die folgende Betrachtung der Physikgeschichte soll vor allem systematisch erfolgen. Weder ist Vollständigkeit das Ziel, noch ist es zweckmäßig, dabei chronologisch vorzugehen; vielmehr soll der Fokus auf den wissenschaftlichen Revolutionen liegen. Es wird sich zeigen, dass diese in der Regel drei Elemente enthalten: eine visionäre Idee, eine mathematische Formulierung und schließlich die Eliminierung willkürlicher Konstanten, was oft zu einer Vereinheitlichung führt.

Die geringere Anzahl freier Parameter nach der Revolution ist genau jene leicht feststellbare, technische Definition einer Vereinfachung der Theorie, welche mit wirklichem Fortschritt einhergeht. Naturgemäß tritt dieses Muster in verschiedenen Facetten auf. So werden willkürliche Zahlen manchmal schon mit ihrer Entdeckung eliminiert, sobald die Theorie erfolgreich formuliert ist. Auch ist das Schema Vision-Mathematisierung-Vereinfachung oft zeitversetzt: es finden Teilrevolutionen statt, die erst nach Jahrhunderten komplett zu Ende geführt werden. So mag man beispielsweise die Vision des griechischen Philosophen Demokrit von unteilbaren Bausteinen der Natur erst mit der modernen Atomtheorie als vollendet ansehen.

Das Paradebeispiel eines wissenschaftlichen Durchbruchs und gleichzeitig Beginn der modernen Naturwissenschaft ist das Gravitationsgesetz und die Mechanik Isaac Newtons. Im Teil III werden wir genau dorthin zurückkehren, um die Frage nach weiterem grundlegendem Fortschritt der Physik zu stellen.

ES BEGINNT MIT EINER IDEE

Die visionäre Idee und vielleicht größte Leistung, die Newtons Werk enthält, ist der Gedanke, irdische und himmlische Bewegungen könnten den gleichen Gesetzen folgen. Natürlich war allein die Entwicklung der Mechanik mit ihren Begriffen Masse, Kraft, Geschwindigkeit und Beschleunigung eine epochale Leistung, ohne die das Folgende nicht denkbar gewesen wäre. Die Verbindung der nachprüfbaren, irdischen Bewegungsgesetze mit der Himmelsmechanik, welche bis dahin dem Reich des Mystischen angehörte, ist jedoch die Revolution mit dem größten Einfluss auf die Geistesgeschichte der Menschheit im Allgemeinen. Die vermeintliche Götterwelt der Himmelskörper nun mit Logik, Nachdenken und Mathematik erklären zu können, übte eine unglaubliche Faszination auf die nachfolgenden Generationen aus.

Da die Parallele zwischen der Anziehungskraft auf dem Mond und auf den fallenden Apfel jedem Kind erklärt werden kann, wird leicht vergessen, welcher Mut im 17. Jahrhundert dazu gehörte, diesen Gedanken zu entwickeln. Die visionäre Idee ist das oft unterschätzte Element einer wissenschaftlichen Revolution, welche außergewöhnliche Kreativität und Kühnheit verlangt.

MATHEMATIK IST NÖTIG

Freilich kann sich die visionäre Idee nicht ohne mathematische Formulierung durchsetzen, die ebenfalls Newton gelang, obwohl der englische Universalgelehrte Robert Hooke an der Schlüsselidee maßgeblich beteiligt war. Man konnte wohl annehmen, dass die Anziehungskraft der Erde in zunehmendem Abstand schwächer wurde, jedoch brachte erst die Mathematisierung die faszinierende Bestätigung. Newton berechnete aus der bekannten Entfernung des Mondes und seiner Umlaufdauer um die Erde dessen Zentripetalbeschleunigung. So konnte er

2 Einfachheit im Großen und Kleinen: Gravitation und Quanten

feststellen, dass der Wert etwa 3600 Mal kleiner war als die Erdbeschleunigung $g=9{,}81$ m/s^2, welche an der Erdoberfläche den Apfel vom Baum fallen lässt. Da der Abstand des Mondes von der Erde etwa 60 Erdradien beträgt, springt ins Auge, dass wegen des Zusammenhangs $60^2=3600$ die Abschwächung der Erdanziehungskraft nicht proportional zum Abstand, sondern zu dessen Quadrat erfolgen muss.

> A. 5. *Hooke to Newton, Jan.* 6, 1680.
>
> SIR,
> Your calculation of the curve described by a body attracted by an aequall power at all distances from the center, such as that of a ball rolling in an inverted concave cone, is right, and the two auges will not unite by about a third of a revolution; but my supposition is that the attraction always is in duplicate proportion to the distance from the center reciprocall, and consequently that the velocity will be in a subduplicate [proportion] to the attraction, and consequently as Kepler supposes reciprocall to the distance: and that with such an attraction the auges will unite in the same part of the circle, and that the nearest point of the access to the center will be opposite to the furthest distant, which I conceive doth very intelligibly and truly make out all the appearances of the heavens. And therefore (though in truth I

Auszug aus einem Brief von Hooke an Newton, in dem er erstmals das quadratische Abstandsgesetz erwähnt und auch schon die Verbindung zu Kepler herstellt. Newton verweigerte Hooke dafür später jede Anerkennung.

Dieses sogenannte quadratische Abstandsgesetz drückt sich in der Formel

$$F_g = \frac{GMm}{r^2}$$

aus, wobei M die Masse der Erde, m die Masse eines von ihr angezogenen Körpers[1] und r der Abstand zum Erdmittelpunkt ist, sowie G die Gravitationskonstante, auf die wir noch näher

---

[1] Die Symmetrie der beiden Massen M und m drückt sich aus in der „allen Körpern innewohnende Eigenschaft, sich gegenseitig anzuziehen", ein Zitat, das oft Newton zugeschrieben wird, obwohl sich kein konkreter historischer Beleg findet.

eingehen. Die Formel galt für alle Himmelskörper im Sonnensystem, aber eben auch für den sprichwörtlichen Apfel, und die faszinierende Besonderheit drückt sich in dem Zusammenhang

$$mg = \frac{GMm}{r_E^2} \text{ bzw. } g = \frac{GM}{r_E^2}$$

mit dem Erdradius r_E aus. Betrachten wir nun, was Naturkonstanten bzw. willkürliche Parameter sind. *Nicht* dazu zählen der Erdradius r_E und die Erdmasse M, die zwar Messwerte darstellen, jedoch offensichtlich auf Zufälligkeiten bei der Entstehung des Planetensystems zurückzuführen sind. Hier stellt sich die Frage „warum genau so und nicht mehr und nicht weniger?" nicht.

NATURKONSTANTE ODER NICHT?

Wohl konnte man diese Frage aber aufwerfen für den Wert der Erdbeschleunigung g=9,81m/s², ebenso wie für die allgemeine Gravitationskonstante G=6.673·10⁻¹¹ m³/(s²kg). Beide stellten im Prinzip Naturkonstanten bzw. unerklärte, freie Parameter dar. Der entscheidende Fortschritt des Newtonschen Gravitationsgesetzes besteht darin, dass g nun durch die obige Formel erklärt wird, also berechnet werden kann. Die Zahl der fundamentalen Naturkonstanten hat sich damit um eins reduziert. Heute wird niemand mehr g als eine Naturkonstante ansehen, sondern als die Schwerebeschleunigung auf der Oberfläche eines bestimmten Planeten. Darin liegt aber gerade der erkenntnistheoretische Fortschritt des Newtonschen Gravitationsgesetzes: es reduziert die Anzahl der willkürlichen Parameter und vereinfacht damit die Theorie. Wir können dies noch mit einem Gedankenexperiment verdeutlichen, indem wir – ohne Kenntnis des Gravitationsgesetzes – die Schwerebeschleunigung auf verschiedenen Himmelskörpern wie dem Erdmond, oder auf Mars, Jupiter und Saturn messen. All diese Zahlenwerte wären „Naturkonstanten", die einer Erklärung harren, solange man nicht das Newtonsche

2 Einfachheit im Großen und Kleinen: Gravitation und Quanten

Gesetz kennt, dass sie obsolet werden lässt. Hier erkennt man die enorme Vereinfachung durch das Gravitationsgesetz.

In dieser methodischen Betrachtung Vision-Mathematisierung-Vereinfachung tut es nichts zur Sache, dass der Wert der Gravitationskonstanten $G=6{,}673 \cdot 10^{-11}$ m^3/s^{2}kg tatsächlich erst über hundert Jahre später, nämlich 1798 durch Henry Cavendish gemessen wurde. In der Tat hatte Newton nicht daran geglaubt, dass sich die Gravitationskraft, die wir ja am Beispiel der Erde spüren, jemals an Alltagsgegenständen werde messen lassen. Cavendish war es gelungen,[1] mit einer raffiniert konstruierten Drehwaage die Kraft zwischen zwei bekannten Massen zu bestimmen und damit erstmals die Masse der Erde M zu erschließen. Denn, wie aus der obigen Formel leicht ersichtlich, war dort immer nur das aus der Astronomie bekannte Produkt GM aufgetreten, aber das Wiegen der Erde und anderer Himmelskörper mit anderen Methoden natürlich nicht möglich.

REVOLUTION DURCH DEN HOFMATHEMATIKER IN PRAG

Für die Sonnenmasse M_s bezeichnet man das Produkt GM_s als Keplerkonstante, und hier ist es natürlich Zeit, auf die enorme Vorarbeit einzugehen, auf die Newton in der Astronomie zurückgreifen konnte. Auch in Johannes Keplers Werk, kaum weniger revolutionär als das von Newton, ist das Muster Vision-Mathematisierung-Vereinfachung zu erkennen. Zunächst müssen wir hier aber das geozentrische Weltbild des Mittelalters betrachten, welches die Planetenbahnen übrigens recht präzise, jedoch mit einer Vielzahl von willkürlichen freien Parametern beschrieb – wir würden sie heute Naturkonstanten nennen.[II] Als visionäre

---

[1] Das Prinzip hatte der englische Physiker John Michell (1724-1793) erfunden.
[II] Julian Barbour beschreibt in seinem Werk *The Discovery of Dynamics* die historische Entwicklung von Begriffen wie Deferrent, Equant, Epizykel usw.

Idee mag man die Einsicht von Kopernikus betrachten, dass sich die Himmelskörper nicht um die Erde, sondern diese und andere Planeten sich um die Sonne herum bewegen. Obwohl man dies schon als „einfacheres" Modell betrachten kann, wollen wir es im Sinne unserer Definition (weniger Naturkonstanten) noch nicht gelten lassen. Tatsächlich konnte sich ja die kopernikanische Idee noch nicht durchsetzen, weil sie die Planetenbahnen nicht genau genug beschrieb. Dies gelang erst, nachdem Kepler sich vom Dogma der Kreisform lösen konnte und elliptische Umlaufbahnen betrachtete. Bei dieser Revolution spielte das Element der Mathematisierung eine große Rolle und erforderte außergewöhnliche Kenntnisse der Geometrie.

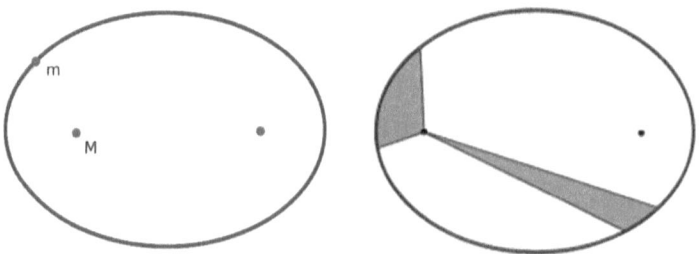

Die Keplerschen Gesetze der Planetenbewegung: Planeten bewegen sich auf Ellipsen, in deren Brennpunkt die Sonne liegt (I). Die Bahn des Planeten überstreicht in gleichen Zeiten gleiche Flächen (II).

Schon Keplers erstes Gesetz, welches die Planetenbahnen als Ellipsen mit der Sonne im Brennpunkt beschreibt, macht jedoch die Vereinfachung offensichtlich: die Form einer Ellipse ist durch zwei Parameter (zum Beispiel große Halbachse und Exzentrizität) festgelegt, während im Ptolemäischen Modell für jeden Planeten bis zu vier Zahlen nötig waren. Im informationstheoretischen Sinne, wie wir diesen Begriff gebrauchen, handelt es sich um eine Vereinfachung, weil weniger willkürliche Zahlen zur Beschreibung der Naturphänomene nötig sind. Darin liegt der Kern des wissenschaftlichen Durchbruchs. Freilich war dieser erst mit Keplers zweiten Gesetz komplett, welches jeder Bahn

2 Einfachheit im Großen und Kleinen: Gravitation und Quanten

Position eine bestimmte Geschwindigkeit zuordnete (gleiche Flächen werden in gleichen Zeiten überstrichen).

Man könnte nun argumentieren, dass neben den zwei Parametern der Ellipse die Umlaufdauer des Planeten um die Sonne noch eine weitere unerklärte Zahl darstellt. Genau dieses Problem löste Kepler jedoch nach zehnjährigem Nachdenken mit seinem dritten Gesetz: die äußeren Planeten bewegen sich langsamer, sodass die Quadrate der Umlaufzeiten T proportional zur dritten Potenz der großen Halbachsen a waren. Für alle Planeten im Sonnensystem gilt $\frac{a^3}{T^2} = K$, was ebenfalls eine gewaltige Vereinfachung darstellt: eine einzige Konstante beschreibt die Bewegung aller Planeten! Betrachtet man jedoch beispielsweise die Bewegung der Jupitermonde um den Jupiter, so gilt ebenfalls für alle Monde $\frac{a^3}{T^2} = K_J$, jedoch mit einer anderen Konstante K_J. Dies zu verstehen, gelang erst Newton, der die Konstante K mit dem Produkt $\frac{GM}{4\pi^2}$ identifizieren konnte. Auch mit Keplers Erkenntnissen hätte man die Konstanten K der verschiedenen Planeten noch als willkürliche Parameter auffassen müssen. Erst das Newtonsche Gravitationsgesetz erklärt, warum die Planeten ihre jeweiligen Monde in so unterschiedlichem Tempo um sich herumlaufen lassen: es liegt an der Anziehungskraft ihrer Masse! Dass sich alle dynamisch bestimmten Konstanten K allein auf die Gravitationskonstante G zurückführen lassen, stellt genau jene Vereinfachung dar, die wir oben in simpler Form mit den Oberflächenbeschleunigungen g betrachtet hatten.

Als mathematische (und technisch schwierigste) Leistung von Newton muss außerdem hervorgehoben werden, dass es ihm gelang, die Planetenbewegungen aus seinem Kraftgesetz herzuleiten und somit die Parameter der Keplerschen Ellipsen durch physikalische Begriffe (Energie und Drehimpuls) zu erklären.

Um den vollen wissenschaftstheoretischen Wert der kopernikanischen Revolution, die von Newton vollendet wurde, zu ermessen, dürfen wir nicht nur die damals bekannten Parameter zählen, sondern müssen uns vorstellen, wie viele Messwerte alle heute bekannten Himmelskörper erzeugen würden, die man alle als „Naturkonstanten" ansehen müsste, wäre die Newtonsche Himmelsmechanik nicht bekannt. Es sind mit den heutigen Beobachtungsmethoden Hunderttausende! Dass diese riesige Datenmenge sich mit nur einer einzigen Naturkonstante G beschreiben lässt, ist rein informationstheoretisch eine gewaltige Vereinfachung und natürlich ein Triumph der menschlichen Erkenntnis, der gleichzeitig den Beginn der modernen Zivilisation markiert.

DER ZAHLENVERSTEHER

Wir springen nun von der Zeit Newtons über zweihundert Jahre voraus, von den Weiten des Sonnensystems in den Mikrokosmos der Atomphysik, in dem es Anfang des 20. Jahrhunderts spektakuläre Fortschritte gab. Hier ist ebenfalls das Muster Vision-Mathematisierung-Vereinfachung erkennbar. Zudem sollten sich die Erkenntnisse aus dem Sonnensystem hier widerspiegeln. Die Idee, dass Elektronen um den Atomkern wie Planeten um die Sonne kreisten, übte eine unbeschreibliche Faszination auf die damaligen Physiker aus. Neben dem japanischen Physiker Hakamura geht dieses Modell vor allem auf Niels Bohr zurück, wenn auch die erste Idee dazu schon Wilhelm Weber im 19. Jahrhundert hatte.[5] Auch wenn sich das Modell in Teilen als unvollständig erwies, muss man darin doch eine visionäre Idee der wissenschaftlichen Revolution der Atomtheorie sehen.

Newton baute auf Kepler auf, und auch bei den Atomen gab es einen gewichtigen Vorläufer, den Schweizer Mathematiklehrer Johann Jakob Balmer, ohne den der Durchbruch nicht stattgefunden hätte. Wie Kepler untersuchte er die Beobachtungsdaten und entlockte mit untrüglichem Instinkt

2 Einfachheit im Großen und Kleinen: Gravitation und Quanten

der Natur einen geheimnisvollen mathematischen Zusammenhang, obwohl er diesen noch nicht begründen konnte. Balmer untersuchte 1885 das Spektrum des Wasserstoffatoms, d.h. er betrachtete die verschiedenen Wellenlängen des Lichts, welches von Wasserstoffgas unter elektrischer Entladung ausgesendet wurde. Es zeigten sich zwar schön leuchtende Spektralfarben (die Wellenlänge bestimmt die Farbe des Lichts), jedoch in scheinbar regelloser Folge von 656 Nanometern, 486, 434 und 410 Nanometern. Unserer technischen Definition zufolge handelt es sich um Naturkonstanten, jedoch interessierten sich die Physiker damals erstaunlich wenig für diese Zahlen.[1] Balmer erkannte, dass es sich um wichtige Mitteilungen der Natur handelte, und begann, nach Regelmäßigkeiten zu suchen. Wahrscheinlich setzte er sie zunächst ins Verhältnis und suchte nach Brüchen mit natürlichen Zahlen, wobei er auf Werte wie $\frac{486,1}{656,3} \approx \frac{20}{27}$ und $\frac{410,2}{656,3} \approx \frac{5}{8}$ kam.[6] Schließlich fand er den Faktor 364,56 nm, aus dem sich alle Wellenlängen durch Multiplikation mit einfachen Brüchen ergaben. Jedenfalls kann man sich ausmalen, dass es ohne technische Hilfsmittel Jahre gedauert hat, durch Grübeln und Ausprobieren folgenden verblüffenden Zusammenhang mit natürlichen Zahlen herauszufinden:

$$\frac{5}{8} = \frac{\frac{1}{2^2}-\frac{1}{3^2}}{\frac{1}{2^2}-\frac{1}{6^2}} \text{ und } \frac{125}{189} = \frac{\frac{1}{2^2}-\frac{1}{3^2}}{\frac{1}{2^2}-\frac{1}{5^2}} \text{ sowie } \frac{20}{27} = \frac{\frac{1}{2^2}-\frac{1}{3^2}}{\frac{1}{2^2}-\frac{1}{4^2}}.$$

Damit war es ihm schließlich möglich, die Linien wie folgt zu berechnen:

$$\frac{1}{656,3\ nm} = R\left(\frac{1}{2^2}-\frac{1}{3^2}\right), \frac{1}{486,1\ nm} = R\left(\frac{1}{2^2}-\frac{1}{4^2}\right),$$

---

[1] Wie der Nobelpreisträger Theodor Hänsch einmal in einer Vorlesung bemerkte, hielten die Physiker diese spektroskopischen Ergebnisse für „etwas Schmutziges, fast schon Chemie".

Teil I: Eine kurze Geschichte der Physik

$$\frac{1}{434,0\,nm} = R(\frac{1}{2^2} - \frac{1}{5^2}), \quad \frac{1}{410,2\,nm} = R(\frac{1}{2^2} - \frac{1}{6^2}),$$

indem der die Konstante $R=1,09678 \cdot 10^7 m^{-1}$ einführte, die später nach dem schwedischen Physiker Rydberg benannt wurde.[1] Welches Gefühl musste Balmer ergriffen haben, nach endloser Suche in vermeintlich regellosen Messwerten diesen fantastischen Zusammenhang zu entdecken!

Johann Jakob Balmer (1825-1898)

Hier sind noch zwei Dinge anzumerken. Erstens spiegelt das Auftreten von Quadratzahlen im Nenner tatsächlich die Ähnlichkeit zwischen dem Newtonschen Gravitationsgesetz und dem entsprechenden elektrischen Gesetz von Coulomb wider, welches zu der Idee von Atomen als kleine Sonnensysteme führen

---

[1] Genauer gesagt, hat Balmer die für das Wasserstoffatom geltende Konstante R_H entdeckt, in die noch die Mitbewegung des Kerns eingeht, was erst später herausgefunden wurde. R_H unterscheidet sich daher minimal, aber berechenbar, von R, was für unsere Argumentation keinen Unterschied macht.

2 Einfachheit im Großen und Kleinen: Gravitation und Quanten

sollte. Weiter ist aber die Arbeitsweise Balmers interessant, der ähnlich wie Kepler nach mathematischen Zusammenhängen suchte, ohne dass klar war, dass diese überhaupt existierten. Heutzutage wird ein derartiges Vorgehen oft abschätzig als „Zahlenmystik" oder „Numerologie" bezeichnet. Balmer, wie auch Kepler, waren aber genau damit erfolgreich: durch das Auffinden des präzisen Zusammenhangs, der bald durch weitere Spektrallinien unbestreitbar war, gelangte er zu einer dramatischen Vereinfachung der Naturbeschreibung, wobei das Gerüst der mathematischen Formulierung schon deutlich sichtbar wurde. Allein den Ehrgeiz, nach solchen mathematischen Zusammenhängen zu suchen, kann man visionär nennen. Ganz unbestreitbar hat Balmer jedoch mit seiner Entdeckung die Anzahl der Naturkonstanten verringert, mithin die Physik dramatisch vereinfacht. Alle Spektrallinien des Wasserstoffatoms (im Prinzip gilt das auch für alle anderen Atome) der Formel Balmers bzw. seiner Verallgemeinerung,[1] die einzige verbleibende Naturkonstante R wird heute als Rydbergkonstante bezeichnet.

DIE GEHEIMNISVOLLE ZAHL IN ALLEN ATOMEN

In der Geschichte der Atomphysik, wie schon in der Astronomie, wiederholt sich das Muster Vision-Mathematisierung-Vereinfachung mehrmals und ist gleichzeitig mit anderen Gebieten der Physik verwoben.

Anfang des 20. Jahrhunderts hatten die Physiker eine besonders wichtige Naturkonstante entdeckt, das sogenannte

---

[1] In moderner Sprechweise beschreibt Balmers Formel nur die 2. Elektronenschale der Atome, weil nur diese für das Auge sichtbares Licht aussendet. Mit der Entdeckung ultravioletter Spektrallinien der 1. Schale (Lyman-Serie) und infraroter der höheren Schalen (Paschen-Serie usw.) lag die Verallgemeinerung von Balmers Formel zur allgemeinen Serienformel auf der Hand.

Wirkungsquantum h, dessen Rätsel uns noch bis zum Ende dieses Buches beschäftigen werden. Seine Relevanz hatte vor allem Albert Einstein erkannt, der 1905 kühn postulierte, dass Licht seine Energie E nur in bestimmten Portionen, sogenannten Quanten, abgeben konnte, deren Größe von der Frequenz f bzw. Wellenlänge des Lichts abhängt. Er drückte dies durch die berühmte Formel $E=hf$ aus. Die Naturkonstante h hat damit die interessante physikalische Einheit Energie (Nm) pro Frequenz (1/s), also im Ergebnis Nms, was auch als Wirkung bezeichnet wird.

Die Betrachtung der physikalischen Einheiten ist ein Königsweg zu tiefen Einsichten, der in der aktuellen Wissenschaftstradition kaum geschätzt wird. Wahrscheinlich hat Niels Bohr jedoch genau dadurch eine Revolution in der Atomphysik ausgelöst. Wegen des Zusammenhangs[I] $N=kg\ m/s^2$ kann man die Einheiten von h auch als $kg\ m^2/s$ schreiben. Bohr fiel nun auf,[II] dass sich dies nicht nur als Energie pro Frequenz (wie Einsteins Formel) interpretieren lässt, sondern auch als Produkt von Masse, Abstand und Geschwindigkeit, was die Einheit des Drehimpulses ist. Wie Energie und Impuls ist der Drehimpuls eine wichtige Erhaltungsgröße der Physik, die zum Beispiel für die schnelle Rotation von Eiskunstläufern sorgt, sobald diese ihre Arme an den Körper anlegen.

DER GEISTESBLITZ DURCH EINHEITEN

Bohr hatte nun den genialen Einfall, h mit dem Drehimpuls L der im Atom umlaufenden Elektronen in Verbindung zu bringen, und füllte damit die visionäre Idee, Atome als kleine

---

[I] Dies ergibt sich aus dem zweiten Newtonschen Gesetz $F= m·a$.
[II] Um der historischen Genauigkeit willen muss der englische Mathematiker John William Nicholson erwähnt werden, der ebenfalls schon an den Drehimpuls dachte (Kumar, loc. 1904). Bohrs Verdienst, das große zusammenhängende Bild des Atoms entworfen zu haben, wird jedoch dadurch nicht geschmälert.

2 Einfachheit im Großen und Kleinen: Gravitation und Quanten

Sonnensysteme zu betrachten, mit Leben. Vor allem löste er jedoch damit das große Rätsel, warum sich Elektronen nur in ganz bestimmter Distanz vom Kern um diesen zu bewegen schienen. Während Planeten im Prinzip beliebigen Abstand von der Sonne einnehmen können und dieser Abstand mittels des dritten Keplerschen Gesetzes wiederum die Umlaufdauer bestimmt, ist dies Elektronen nicht erlaubt: sie können den Kern nur umrunden, wenn ihr Bahndrehimpuls ein Vielfaches der Naturkonstante h/2π ist, was oft als ℏ abgekürzt wird. Entsprechend lassen sich die Bahnen mit L= ℏ, 2 ℏ, 3 ℏ ... durchnummerieren, was auch zu unterschiedlichen Energiestufen für diese Elektronen führte.

Bohr vermochte zwar einen tieferen Grund für diese Merkwürdigkeit nicht anzugeben, jedoch führte sein Modell zu einer spektakulären Erkenntnis. Beim Sprung von einer äußeren zu einer inneren Schale mussten die Elektronen Energie abgeben, welches sich nach Einsteins Formel $E=hf$ in eine Frequenz bzw. Wellenlänge umrechnen ließ. Bohr konnte zeigen, dass die möglichen Sprünge genau jenen von Johann Jakob Balmer analysierten Lichtwellenlängen entsprachen! Die Nummer der entsprechenden Bahn, später als „Schale" bezeichnet, zeigte sich genau in jenen kleinen Zahlen, die in den Nennern von Balmers Formen als Quadrate auftauchen. Die Energie, deren Elektron beispielsweise beim Sprung von der vierten auf die zweite Schale abgibt, errechnet sich somit einfach als

$$E = hf = hc/\lambda = hcR(\frac{1}{4^2} - \frac{1}{2^2}),$$

was der schönen türkisen Wellenlänge von 486,1 nm entspricht. Die Naturkonstante R, die Balmer nicht näher begründen konnte, war aber nun kein großes Rätsel mehr. Denn verwendet man analog zum Gravitationsgesetz das im Atom maßgebliche elektrische Abstandsgesetz von Coulomb und setzt Bohrs Postulat für den Drehimpuls ein, so lassen sich die Energiestufen direkt berechnen und der Vergleich mit Balmers Formel ergibt

$$R = \frac{m_e e^4}{8c\,\varepsilon_0^2 h^3},$$

wobei c $= 3 \cdot 10^8$ m/s die Lichtgeschwindigkeit, $m_e = 9{,}11 \cdot 10^{-31}$ kg die Elektronenmasse, e $= 1{,}602 \cdot 10^{-19}$ As die Elementarladung, h $= 6{,}626 \cdot 10^{-34}$ kg m²/s die Plancksche Konstante und $\varepsilon_0 = 8{,}8542 \cdot 10^{-12}$ As/Vm die elektrische Feldkonstante ist.

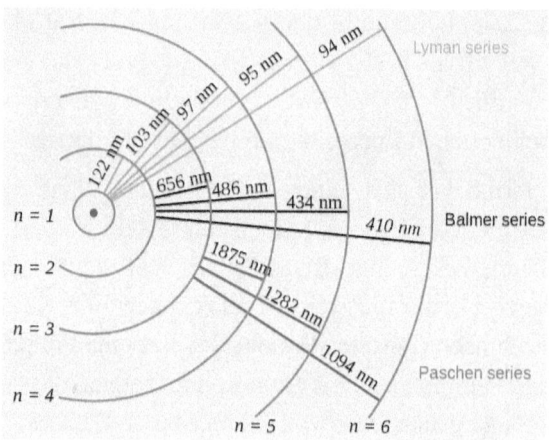

Schematische Darstellung der Lichtübergänge im Wasserstoffatom durch Schalensprünge von Elektronen. Die im sichtbaren Licht (ca. 400nm - 800nm) liegende Balmer-Serie wurde als erste entdeckt.

Wir haben hier viele wichtige Entwicklungen übersprungen, entscheidend ist jedoch, dass mithilfe des Bohrschen Atommodells die von Balmer gefundene Zahl R durch andere bekannte Naturkonstanten ausgedrückt wird. Die Zahl der Naturkonstanten verringerte sich dadurch um eins, und dies ist *der* erkenntnistheoretische Fortschritt der Atom- und Quantentheorie. Eine einzige von mehreren Naturkonstanten erklärt zu haben, mag auf den ersten Blick nicht so wichtig erscheinen. In der Rydbergkonstante R sind jedoch so viele Messergebnisse der Atomphysik enthalten, dass man die auf Balmer aufbauende Leistung von Bohr ähnlich bewerten muss wie jene von Kepler und Newton. Es handelte sich um eine entscheidende Vereinfachung.

WELLEN SIND TEILCHEN, TEILCHEN SIND WELLEN

Mancher mag bisher die Diskussion der Wellennatur der Elektronen vermisst haben, die natürlich auch entscheidend zum Verständnis der Atome beitrug. Der französische Physiker Louis Victor de Broglie hatte 1923 in seiner Doktorarbeit vermutet, dass auch Elektronen Wellennatur haben könnten. Da sich nach Einsteins Quanteninterpretation des Lichts eine Welle offenbar manchmal wie ein Teilchen benahm, könnte sich, so der kreative Gedanke de Broglies, ein Elektron auch wie eine Welle benehmen. De Broglie entwickelte dazu ein Modell (die Entstehung verdient nähere Betrachtung[7]), welches die Wellenlänge des Elektrons mit

$$\lambda = \frac{h}{mv}$$

angab, wobei m die Masse des Elektrons und v seine Geschwindigkeit ist. Dieser Zusammenhang wurde durch Beugungsversuche von Elektronenstrahlen an Kristallen durch Davisson und Germer 1927 hervorragend bestätigt. Wie lässt sich diese, sicher auch revolutionäre, Erkenntnis charakterisieren? Hier fand die Vereinfachung statt, ehe sich überhaupt unerklärte Zahlen ergeben konnten. Hätte man Beugungsversuche mit Elektronen früher durchgeführt, hätten sich sicher viele Messwerte in Form von freien Parametern ergeben, die man als Eigenschaften des Elektrons betrachtet hätte. Mit seiner visionären These hatte de Broglie jedoch diese potenziell unerklärten Zahlen schon im Voraus erklärt. In jener außerordentlich erfolgreichen Phase der Physik Anfang des 20. Jahrhunderts passte oft alles sofort zusammen.

Die Wellennatur der Elektronen ermöglichte es schließlich, einem entscheidenden Dilemma des Bohrschen Atommodells zu entkommen. Als geladene Teilchen hätten kreisende Elektronen unweigerlich Energie abstrahlen müssen, und hätten so in den Atomkern stürzen müssen – eine fatale Inkonsistenz der „kleinen Sonnensysteme". Fasst man jedoch Elektronen auf einer bestimmten Bahn als stehende Wellen auf, wird diese Katastrophe vermieden, gleichzeitig erklärt sich die Quantelung des Drehimpulses dadurch, dass nur eine ganze Anzahl von Wellenzügen in die Elektronenbahn „hineinpassen". Im Falle der Atomphysik waren also viele, miteinander zusammenhängende Durchbrüche nötig, um schließlich zu einem überzeugenden Bild zu kommen.

VERWOBENE WISSENSCHAFTSGESCHICHTE

Keinesfalls übergegangen werden darf die mathematische Leistung, die eine konsistente Formulierung eines Atommodells mit wellenartigen Elektronen erst ermöglichte. Sie geht im Wesentlichen auf Werner Heisenberg und Erwin Schrödinger zurück, die dies auf ganz verschiedenen Wegen in den Jahren 1925/26 erreichten.

Dieser Aspekt der mathematisch konsistenten Formulierung einer wissenschaftlichen Revolution ist der schwierigste und intellektuell anspruchsvollste Teil, ebenso wie dies für Newtons Herleitung der Keplerellipsen gilt. Ohne dieses Fundament könnte sich eine wissenschaftliche Theorie nie durchsetzen.

Dennoch darf die Rolle der visionären Idee nicht unterschätzt werden, die mehr kreative als technische Fähigkeiten verlangt und im Fall der Quantentheorie vor allem von Einstein und Bohr geleistet wurde. Bohr war bekanntermaßen kein überragender Mathematiker, fügte aber mit einzigartiger Intuition die Puzzlestücke zusammen.

2 Einfachheit im Großen und Kleinen: Gravitation und Quanten

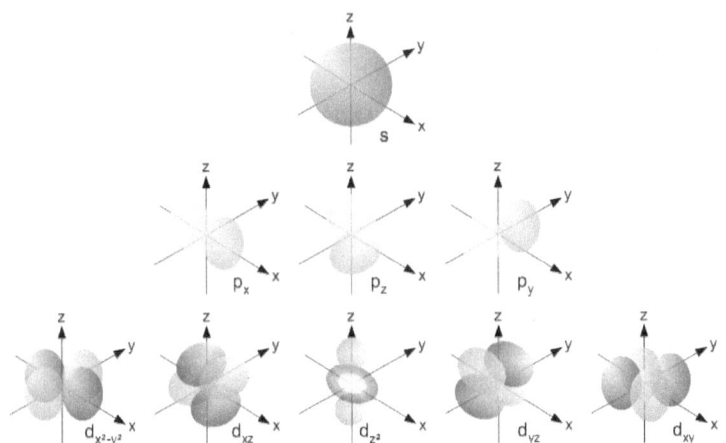

Atomorbitale, deren Form sich aus den Lösungen der Schrödingergleichung ergibt. Ihre Anzahl erklärt unter anderem das Periodensystem der Elemente. So sind in der zweiten Schale die insgesamt 4 Orbitale der ersten und zweiten Zeile enthalten, die insgesamt 8 Elektronen Platz bieten. Aus diesem Grund gibt es 8 Elementgruppen. Die 3d-Schale (unten) erklärt die zusätzlichen Metalle höherer Ordnungszahl.

Schaut man darauf, worin der grundlegende Fortschritt besteht, bleibt jedoch das Element der Vereinfachung das wichtigste, auch wenn es am Ende manchmal als Nebenprodukt brillanter Mathematik erscheint. Die Zusammenfassung vieler unerklärter Zahlen in der Konstante R durch Balmer und die spätere Berechnung von R durch Bohr, welche die Erklärung von so vielen später auftretenden Messwerten vorwegnahm, sind die zentralen Errungenschaften der Quantenmechanik.

Mit der Gravitations- und Quantentheorie haben wir bereits die derzeitigen Grenzen der physikalischen Erkenntnis im Großen und Kleinen gestreift, zu denen wir später noch zurückkehren. Vorher ist es mir aber noch wichtig, darzulegen, wie durch sukzessive Vereinfachung das gesamte Gebäude der modernen Physik errichtet wurde.

Teil I: Eine kurze Geschichte der Physik

3 Wärme, Strahlung und Materie: Die moderne Physik entsteht

Ende des 19. Jahrhunderts untersuchte man intensiv die sogenannte Schwarzkörperstrahlung, welche unter anderem für die neu erfundene Glühbirne wichtige technische Anwendungen hatte. Dabei wurde gemessen, wie viel Strahlung ein Körper von bestimmter Temperatur innerhalb eines Wellenlängenbereiches aussendete. Aus den Daten wurden zwei empirische Modelle bestimmt: das Gesetz von Rayleigh-Jeans, das jedoch nur große Wellenlängen beschrieb, und das Wiensche Verschiebungsgesetz, welches ebenfalls nur eingeschränkt gültig war. Beide Modelle enthielten jeweils einen freien Parameter, der sich einfach aus der Anpassung der Messkurve an das Modell ergab.

Hinter dieser eher technischen Vorgeschichte verbirgt sich jedoch eine erstaunliche visionäre Idee: da letztlich alle Materialien Ladungen enthalten, die sich bei Wärme bewegen, sollte es sich herausstellen, dass das Abstrahlungsverhalten von allen Körpern tatsächlich durch eine einzige Formel dargestellt werden kann![1] Deren Entdeckung im Jahr 1900 war ein Verdienst von Max Planck, dem hier seine mathematischen Fähigkeiten zugute kamen. Sie erlaubten ihm, die beiden empirischen Formeln als Grenzfall eines allgemeineren Gesetzes zu erkennen, dem berühmten Planckschen Strahlungsgesetz:

$$I(\lambda)d\lambda = \frac{8\pi h f^3}{c^3} \frac{1}{e^{\frac{hf}{kT}}-1}.$$

---

[1] Das Plancksche Strahlungsgesetz ist in seiner Allgemeinheit tatsächlich eine der bedeutendsten Erkenntnisse der modernen Physik, wenn es auch oft unzutreffenderweise auf Gase angewendet wird, welche gar keine Schwarzkörperstrahlung aussenden können.

Am besten wird die Gesetzmäßigkeit durch ein Diagramm veranschaulicht, welches die von einem schwarzen Körper pro Wellenlänge abgegebene Strahlungsmenge angibt.[1]

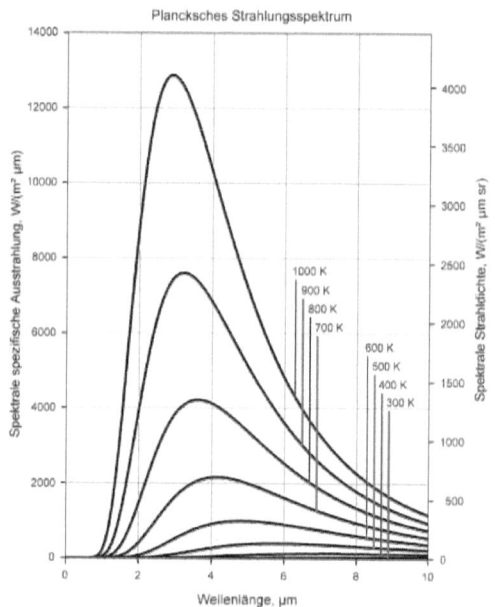

Links: Emission eines schwarzen Strahlers nach dem Planckschen Strahlungsgesetz, abhängig von der Wellenlänge. Das Sonnenspektrum entspricht ungefähr einem schwarzen Strahler von 5800 K.

Die Emission steigt mit zunehmender Temperatur stark an, gleichzeitig verschiebt sich das Maximum hin zu kleineren Wellenlängen. Planck, der die Formel zunächst nur erraten hatte, gab erst später eine theoretische Begründung und war entsprechend vorsichtig in der Beschreibung der von ihm eingeführten Konstante h, die er als mathematische Hilfskonstruktion ohne

---

[1] Hier liegt wieder ein klassischer Fall vor, bei dem ein wissenschaftlicher Durchbruch zu einer Verringerung der Anzahl der Naturkonstanten geführt hat.

physikalische Bedeutung auffasste. Betrachten wir wieder unser Kriterium der Einfachheit, so hat das Plancksche Strahlungsgesetz die Anzahl der Naturkonstanten um eins verringert. h machte bei seiner Geburt die zwei anderen Parameter der Gesetze von Wien und Rayleigh-Jeans obsolet.

Die große Bedeutung als Naturkonstante erlangte h allerdings dank Einstein. Anfang des 20. Jahrhunderts hatten die merkwürdigen Resultate des Fotoeffekts – Licht schlägt aus Metallen Elektronen heraus – den Physikern Rätsel aufgegeben. Es war dieser Effekt, der Einstein zu seiner Formel $E=hf$ führte, die er als Energie von „Lichtquanten" bezeichnete und damit die Quantenrevolution erst richtig in Gang brachte. Die mathematische Formulierung der einfachen Gleichung $E=hf$ ist fast schon trivial. Man sieht nicht auf den ersten Blick, welche Naturkonstanten dadurch eliminiert werden. Jedoch hätte jede andere Interpretation des fotoelektrischen Effekts unverstandene Parameter erzeugt, während Einsteins Formel alles elegant beschrieb. Also führte auch hier h zu einer weiteren Verringerung unerklärter Zahlen in der Natur, abgesehen davon, dass das Konzept der Lichtquanten zu revolutionären Fortschritten führte. Obwohl nach Planck benannt, füllte also Einstein die „Hilfkonstante" h erst mit Leben durch eine Interpretation, gegen die sich ausgerechnet Planck lange gewehrt hatte. Noch 1913 äußerte er, Einstein sei mit dieser Spekulation „über das Ziel hinausgeschossen".

GIBT ES BESSERE UND SCHLECHTERE NATURKONSTANTEN?

Vielleicht ist es hier angebracht, über die „Qualität" von Naturkonstanten zu reflektieren. h wird als solche bezeichnet, was positiv und wichtig klingt, während der Begriff „freier Parameter" eher abschätzig gebraucht wird. Dies hat eine gewisse

Berechtigung darin, dass letztere oft ohne große gedankliche Leistung irgendwelchen Messwerten angepasst werden und infolgedessen auch keine weitergehende Bedeutung von ihnen erwartet wird. Umgekehrt sind Zahlenwerte wie h, die sich physikalisch interpretieren lassen, offenbar wertvolle Mitteilungen der Natur, die dann oft eine weitere „Karriere" in der physikalischen Forschung machen. Gerade das Plancksche Wirkungsquantum h ist, wie wir im letzten Kapitel gesehen haben, in der Folgezeit in erstaunlich vielen Kontexten in Erscheinung getreten, was seine Bedeutung unterstreicht. Umso größer ist das Rätsel der Herkunft von h, das ich im dritten Teil des Buches zu ergründen suche.

Gleichsam als Nebenprodukt führte das Plancksche Strahlungsgesetz zu einer weiteren Vereinfachung. Insgesamt ist die von einem Körper abgestrahlte Leistung pro Fläche proportional zur vierten Potenz der absoluten Temperatur T, was unabhängig von Plank schon als Stefan-Boltzmann-Gesetz bekannt war: $w=\sigma T^4$. Die Konstante σ („Sigma") ist empirisch bestimmbar und stellt einen klassischen freien Parameter, also eine „Naturkonstante" dar. Mit dem Planckschen Strahlungsgesetz gelang es, sie zu berechnen, also auf andere Naturkonstanten zurückzuführen:

$$\sigma = \frac{2\pi^5 k^4}{15 h^3 c^2}.$$

Die Anzahl der Naturkonstanten war wieder um eins zurückgegangen.

THERMODYNAMISCHE REVOLUTIONEN

Vielleicht sind sie gegenüber freien Parametern schon sensibilisiert und haben sich gewundert, woher in der Planckschen Strahlungsformel die sogenannte Boltzmann-Konstante k kommt. Auch sie stellt ein besonders schönes Beispiel einer wissenschaftlichen Revolution dar, bei der sich das Muster Vision-Mathematisierung- Vereinfachung erkennen lässt.

3 Wärme, Strahlung und Materie: Die moderne Physik entsteht

Auch lange nach der Erfindung des Thermometers war der Ursprung von Wärme noch unbekannt. Die visionäre Idee, dass Wärme nichts anderes als molekulare Teilchenbewegung ist, kam von dem deutschen Arzt Robert Mayer 1842 – zu seiner Zeit eine unglaublich geistreiche Einsicht. Die Kühnheit solcher Gedanken wird heutzutage kaum mehr gewürdigt, weil sie sich im Nachhinein so einfach formulieren lassen. Bemerkenswert ist dabei, dass Mayer die mathematische Form nur mit Stolpern erreichte, denn er vergaß bei der Formel

$$\frac{1}{2}mv^2 = \frac{3}{2}kT,$$

welche die mittlere kinetische Energie eines Teilchens mit der Temperatur T in Verbindung brachte, den Faktor ½. Leider behinderte dies die Anerkennung von Mayers Leistung. Seine Gedanken wurden von James Prescott Joule vollendet und der Theoretiker Ludwig Boltzmann aus Wien verwendete später die Konstante k in der berühmten Formel

$$S = k \, log \, W,$$

welche ihrerseits die in einem Gesamtsystem enthaltene Wärmemenge mit der Entropie S (Unordnung) in Verbindung brachte.[I]

Denken wir wieder an Vereinfachung in der Physik durch Verringerung der Anzahl der Naturkonstanten, dann leistet Mayers Formel genau dies. Denn vor ihrer Entdeckung waren Temperaturmessungen strenggenommen Fragen an die Natur, die sie mit bestimmten Zahlenwerten beantwortete. Es blieb aber letztlich ein ungeklärtes Problem, warum ein in der prallen Sonne liegendes Thermometer maximal 96° C anzeigen kann[II] und nicht

---

[I] W gibt die Anzahl der Mikrozustände eines Systems an, eine berechenbare Zahl.
[II] Dies lässt sich berechnen, indem man die maximale Einstrahlung der Sonne mit der Abstrahlung nach dem Stefan-Boltzmann-Gesetz gleichsetzt.

zum Beispiel 200° C. Erst Mayers Einsicht stellt die Verbindung zu der (willkürlichen) Temperaturskala her. Daher wird die Konstante k nicht mehr als fundamental angesehen, sondern als eine Definition der Temperatur. Dies ist richtig, aber genau darin lag die Leistung von Mayer und Joule: eine Konstante weniger.

NUMEROLOGIE FÜHRT ZU MODERNER TELEKOMMUNIKATION

Die Gebiete der Atomphysik und Thermodynamik sind also eng verknüpft, aber die Verbindungen reichen noch weiter, wenn wir Strahlung und die Natur des Lichts betrachten. Durch die Beugungstheorie von Christiaan Huygens wurde seit Mitte des 17. Jahrhunderts vermutet, dass Licht Welleneigenschaften besitzt und die Wellenlänge konnte seit langem präzise gemessen werden. Offen blieb jedoch die Natur des Lichts, bis James Clark Maxwell um 1864 seine Theorie der Elektrodynamik formulierte. In dieser Theorie kamen separat messbare Konstanten ε_0 und μ_0 vor, die die jeweilige Stärke der elektrischen bzw. magnetischen Wechselwirkung quantifizierten. Eine überraschende Konsequenz der Maxwellschen Gleichungen war, dass sich auch ohne elektrische Ladungen elektrische und magnetische Felder im leeren Raum ausbreiten konnten, was nach der Theorie mit einer bestimmten Geschwindigkeit geschehen sollte.

Die deutschen Physiker Wilhelm Weber und Rudolf Kohlrausch hatten bereits 1855/56 erstmals Messungen dieser Geschwindigkeit durchgeführt und auf Weber[8] und Kirchhoff geht wohl die visionäre Idee zurück, dass auch Licht eine elektromagnetische Welle sein könnte. Als Heinrich Hertz im Jahr 1888 erstmals elektromagnetische Wellen im Labor nachwies und feststellte, dass sie sich tatsächlich mit Lichtgeschwindigkeit ausbreiteten, wurde diese Hypothese spektakulär bestätigt. Die mathematisch konsistente Formulierung zu dieser Idee verlangt

3 Wärme, Strahlung und Materie: Die moderne Physik entsteht

natürlich die gesamte Maxwellsche Theorie,[1] jedoch drückt sich der revolutionäre Inhalt schon durch die höchst einfache Formel

$$\varepsilon_0 \mu_0 = \frac{1}{c^2}$$

aus, welche die Anzahl der Naturkonstanten um eins verringert. Statt drei unabhängigen Konstanten c, ε_0 und μ_0, gibt es jetzt nur mehr zwei. Hier handelt es sich um ein besonders prägnantes Beispiel dafür, wie wissenschaftliche Revolutionen durch Vereinfachung gekennzeichnet sind; gleichzeitig haben sich wenige Durchbrüche so nachhaltig auf die Zivilisation ausgewirkt wie gerade dieser.

EINSTEINS VEREINFACHUNG

Schließlich spielt die Naturkonstante c als Grundlage von Einsteins Relativitätstheorie eine gewichtige Rolle. Einstein erkannte, dass sich die messbare Lichtgeschwindigkeit nicht durch die Bewegung eines Beobachters veränderte, woraus ein überraschendes Resultat folgt: bewegte Uhren gehen langsamer, ein Phänomen, das als Zeitdilatation bekannt ist und durch die Formel $\frac{t'}{t} = \sqrt{1 - \frac{v^2}{c^2}}$ beschrieben wird. Aus ähnlichen Argumenten gerechtfertigt wird die sogenannte Massenzunahme $\frac{m}{m_0} = \frac{1}{\sqrt{1 - \frac{v^2}{c^2}}}$, welche durch Experimente in den Teilchenbeschleunigern hervorragend bestätigt ist.

Die mathematische Formulierung der speziellen Relativitätstheorie von 1905 ist weniger anspruchsvoll als man erwartet. Zu ihr gehört auch die vielleicht berühmteste Formel der Physik $E=mc^2$. Worin liegt aber nun die Vereinfachung im

---

[1] Auch hieran war Weber maßgeblich beteiligt, wie Maxwell selbst durch zahlreiche Erwähnungen hervorhebt.

wissenschaftstheoretischen Sinne, von der ich behauptet habe, sie sei ein Kennzeichen großer wissenschaftlicher Durchbrüche? Welche Naturkonstanten oder Parameter wurden durch Einsteins Formeln überflüssig?

DER KOMPLIZIERUNG DER NATUR ZUVORGEKOMMEN

Hier liegt der besondere Fall vor, dass die Experimente, bildlich gesprochen, gar keine Zeit hatten, unverstandene Parameter zu produzieren, weil Einsteins Theorie bei der Durchführung schon als Erklärung zur Verfügung stand. Die meisten physikalischen Theorien entstehen erst, nachdem die Resultate erklärungsbedürftiger Experimente vorliegen. Das Besondere an Einsteins Leistung war jedoch, dass er seine Theorie auf deduktivem Wege fand, und sie allein aus der Konstanz von c herleitete. Ohne seine Erkenntnisse wäre man wohl in den 1930er Jahren durch die fortschreitende Technologie von Teilchenbeschleunigern[I] auf Anomalien in Form einer Massenzunahme gestoßen, die man sicherlich in einem Modell mit entsprechenden Parametern hätte beschreiben können.[II] Hätte dann ein Theoretiker die Relativitätstheorie entwickelt, wären diese Parameter durch Formeln wie $\sqrt{1 - \frac{v^2}{c^2}}$ obsolet geworden.

Noch konkreter hat jedoch die Beziehung $E = mc^2$ zur Vereinfachung beigetragen. Durch Entdeckung der Radioaktivität durch Henri Becquerel wurde erstmals offenbar, dass Atomkerne und damit chemische Elemente nicht unveränderlich sind, sondern

---

[I] Ob die Physik ohne Einstein den gleichen Weg eingeschlagen hätte, lässt sich freilich kaum sagen.
[II] Man kann sich ebenfalls ausmalen, dass in der derzeitigen Hochenergiephysik, die zur Beschreibung ihrer Experimente dutzendweise neue Parameter eingeführt hat, ebenso eine grundlegende Theorie im Stile Einsteins fehlt.

sich in andere umwandeln konnten. Schon bei den Versuchen von Ernest Rutherford zu den von großen Kernen ausgestoßenen Alpha-Teilchen (Heliumkernen), aber erst recht später bei der Kernspaltung wurde klar, dass die Endprodukte von Kernreaktionen leichter waren als die Ausgangskerne. Gleichzeitig wurde enorm viel Energie freigesetzt. Diese lässt sich messen, ebenso wie der Massenunterschied vor und nach der Reaktion.

Albert Einstein (1879–1955)

All dies bestätigt präzise die Formel $E=mc^2$, die damit die Grundlage jeglicher Kernphysik ist. Mit der Beschreibung von tausenden von Einzelreaktionen spielt sie in der Physik daher eine ähnlich gewichtige Rolle wie das Bohrsche Atommodell mit seiner Beschreibung von tausenden von Spektrallinien, oder das Newtonsche Gravitationsgesetz, das die Bewegung von noch mehr Himmelskörpern abbildet. Einsteins Formel $E=mc^2$ enthält damit eine ebenso dramatische Informationsreduktion und Vereinfachung.

Im Hinblick auf diese Formel war Einstein besonders weit den Experimenten seiner Zeit voraus. Man stelle sich vor, die Technik der Kernreaktionen sei ohne Kenntnis der Geschwindigkeit des Lichts entwickelt worden! Dann hätte man wohl einen „Proportionalitätsfaktor" c^2 zwischen der Reaktionsenergie und dem Massendefekt „entdeckt". Dieses kleine historische Gedankenexperiment belegt erneut, welch außergewöhnlich erfolgreiche und dominierende Rolle die Naturkonstante c in der Physik spielt. Im dritten Teil des Buches wird sich daher die besondere Aufmerksamkeit auf c richten, ebenso wie auf das Plancksche Wirkungsquantum h.

DEMOKRIT WIRD VOLLENDET

Einsteins Beitrag zur Kernphysik mit der Formel $E = mc^2$ bildete in noch weiterem Sinne den Abschluss eines über zweitausend Jahre alten Paradigmas der Physik. Denn damit war letztlich der Traum des antiken Philosophen Demokrit Wirklichkeit geworden, die Materie mit gleichartigen Bausteinen zu beschreiben. Man könnte dies als die visionäre Idee einer sehr lang andauernden Revolution der Physik ansehen, die mit der modernen Kernphysik ihren Abschluss fand. Natürlich war hier eine Vielzahl von Forschern in der Physik und Chemie beteiligt. Zunächst waren die experimentellen Ergebnisse mit verschiedenen Substanzen unglaublich reichhaltig, ja chaotisch, jedenfalls wenn man Buch führen wollte, wie viele Zahlenwerte die Natur dabei mitteilte. Gewichte, Volumina aller Substanzen waren in diesem Sinne „Naturkonstanten", ebenso wie die freigesetzte Energie in der unübersichtlichen Anzahl der Reaktionen untereinander.

Den Chemikern John Dalton und Amedeo Avogadro gebührt dabei das Verdienst, Atomgewichte überhaupt erst quantifiziert

3 Wärme, Strahlung und Materie: Die moderne Physik entsteht

und darin Regelmäßigkeiten festgestellt zu haben. Ähnlich wie Johann Jakob Balmer in den Atomspektren suchten sie nach kleinen natürlichen Zahlen, indem sie Massenverhältnisse betrachteten. Während das Element der Mathematisierung bei diesen Erkenntnissen relativ primitiv und heuristisch blieb, führte es doch offenkundig zu einer Vereinfachung. Ein ganz wesentlicher Fortschritt gelang, als der italienische Chemiker Stanislao Cannizzaro im Jahr 1860 auf einem Kongress in Karlsruhe den Unterschied zwischen Atom- und Molekülgewicht erläuterte.

Unter den Zuhörern befanden sich Lothar Meyer und Dmitri Mendelejew, die in der Folge das Periodensystem der chemischen Elemente entwickelten. Visionäre Idee dieser Teilrevolution von 1869 war der Zusammenhang zwischen Atommasse und chemischen Eigenschaften, während die Einteilung in acht Gruppen zunächst phänomenologisch erfolgte.[1] Die Atommassen der verschiedenen Elemente, zweifellos Naturkonstanten in unserem Sinne, waren damit noch nicht erklärt, dennoch war ein wichtiger Schritt in die Richtung getan. Die Präzision wurde leider durch die Laune der Natur behindert, gleiche chemische Elemente mit unterschiedlicher Atommasse, sogenannte Isotope, zu produzieren, was erst viel später, 1911, von dem belgischen Chemiker Soddy erkannt wurde.

EINE EINZIGE MASSE

Nach heutiger Sicht enthielten die Kerne eines bestimmten chemischen Elements die gleiche Anzahl von Protonen, jedoch unterschiedlich viele ungeladene Neutronen (die ungefähr massengleich sind). Die so klassifizierten Atomkerne ließen so schon

---

[1] Erst die Schrödingergleichung und ihre Lösungen rechtfertigten diese Einteilung und vollendeten damit 1925 die mathematische Formulierung des Periodensystems. Auch dies ist natürlich eine große Errungenschaft der Quantentheorie.

Demokrits Vision durchschimmern, denn ihre Massen waren nahezu Vielfache der atomaren Masseneinheit u, die nach dem Pionier John Dalton benannt wurde. Mit den ersten Kernreaktionen in den 1930er Jahren wurde schließlich die präzise Gültigkeit von Einsteins Formel, die zu dieser Zeit schon bekannt war, umfassend getestet. In der Summe stellen die Ergebnisse der Atomistik eine grandiose Bestätigung der Idee Demokrits dar und gehören zu den Erkenntnissen der Menschheit schlechthin.

Die Masse aller bekannten chemischen Elemente ergab sich so als Vielfaches der Masse eines Kernbausteins (die Elektronen der Hülle tragen kaum zur Masse bei). Die enorme Vereinfachung, die diese langandauernde Revolution der Atomtheorie mit sich brachte, ist evident: hinsichtlich der Masse gibt es praktisch nur eine Naturkonstante, die Masse des Protons m_p, die den Zahlenwert $1{,}6726 \cdot 10^{-27}$ kg hat. Die Protonenmasse spielt offenbar eine wichtige Rolle in der Natur, die Frage bleibt jedoch, warum das Proton gerade so schwer ist. Dies werden wir im Kapitel 6 näher diskutieren. Ungeklärt ist bis heute das Massenverhältnis von Proton und Elektron $m_p/m_e=1836$, über das sich Paul Dirac Zeit seines Lebens den Kopf zerbrochen hatte – schon die Existenz von zwei Teilchen widersprach seiner Vorstellung von Einfachheit in der Natur.

Hintangestellt bei der obigen Diskussion wurde die elektrische Ladung von Atomkernen, welche natürlich eine Rolle in der Entdeckungsgeschichte spielte. Dass elektrische Ladung in der Natur nur in bestimmten Portionen (nämlich des negativen geladenen Elektrons) vorkommt, wurde 1923 durch die Versuche des Amerikaners Andrew Millikan nachgewiesen – wenn auch bis heute dafür keine tiefere Ursache bekannt ist. Soddy erhielt 1921 den Nobelpreis für Chemie für die Erkenntnis, dass die chemischen Eigenschaften tatsächlich nicht durch die Masse des Atomkerns bestimmt werden (zumal es ja ohnehin verschiedene Isotope gibt), sondern durch dessen Ladung. Allerdings hatte vor

3 Wärme, Strahlung und Materie: Die moderne Physik entsteht

Soddy schon ein anderer großer Denker diese Vermutung geäußert – Niels Bohr!

LADUNGEN ERKLÄREN CHEMIE

Man versetze sich einen Moment lang in die Zeit zurück und vergegenwärtige sich, zu welch sagenhaftem Verständnis das Zusammenspiel der Physiker und Chemiker über die Jahrhunderte geführt hat: die fast hundert stabilen chemischen Elemente, beginnend mit Wasserstoff, Helium, Lithium usw. können einfach mit 1,2,3... Protonen im Kern erklärt werden! Auch hier bedarf die enorme Vereinfachung der Naturerscheinungen keiner weiteren Erläuterung. Umgekehrt spiegelt sie sich in der Naturkonstante der Elementarladung $e=1,602 \cdot 10^{-19}$ As wider, über die ebenfalls noch zu sprechen sein wird.

Die Betrachtung der Physikgeschichte bliebe grob unvollständig ohne die Vereinigung von Elektrizität und Magnetismus Anfang des 19. Jahrhunderts. Nachdem schon gelegentlich über Störungen von Magnetnadeln bei Gewittern berichtet wurde, vermutete man schon einen Zusammenhang zwischen Elektrizität und Magnetismus – die visionäre Idee der Vereinigung lag hier buchstäblich in der Luft, präsentierte sich jedoch in unerwarteter Weise.

Der dänische Physiker Hans Christian Ørstedt konnte 1820 zeigen, dass sich eine Magnetnadel quer zu einem Strom durchflossenen Leiter einstellt; tatsächlich war dieses Experiment jedoch schon 1802 von dem italienischen Physiker Gian Domenico Romagnosi publiziert worden. Als der Effekt in Europa bekannt wurde, untersuchte ihn vor allem der britische Physiker Michael Faraday mit seinen Experimenten systematisch, während André-Marie Ampère die mathematische Formulierung der Gesetze gelang. Der Einstieg in die damals gebräuchlichen Einheiten würde allerdings hier etwas verwirren, und die ersten Ergebnisse dieser

Revolution wurden oft auch noch nicht quantitativ formuliert. Trotzdem ist es hier ebenfalls offensichtlich, dass die Vereinigung der zunächst verschiedenartig erscheinenden Phänomene von Elektrizität und Magnetismus eine Vereinfachung darstellte, die eine Verringerung der Zahl der willkürlichen Konstanten zur Folge hatte. In moderner Notation drückt sich dies so aus, dass die magnetische Feldkonstante μ_0 keine „echte" Naturkonstante mehr ist, sondern in die Definition der elektrischen Stromstärke eingearbeitet wurde. μ_0 erhielt so den mathematisch exakten[9] Wert $4\pi \cdot 10^{-7}$ Vs/Am.

AM GIPFEL DER EINFACHHEIT

Um 1930 befand sich die Physik auf dem Zenit ihre Erkenntnisse. Die methodische Sparsamkeit, alle bis dahin bekannten Resultate durch wenige Naturkonstanten beschreiben zu können, stellte eine große Leistung der Naturwissenschaft dar. An dieser Stelle ist es sinnvoll, die wichtigsten Durchbrüche noch einmal mit der Struktur Vision-Mathematisierung-Vereinfachung zusammenzufassen. So wird auch die weitreichende Vereinheitlichung der Theorien sichtbar.

Halten wir uns an dieser Stelle nochmals vor Augen, welch zentrale Rolle die Naturkonstanten für die Physik spielen. Das Auftreten einer Naturkonstante, beispielsweise der Elementarladung e, kann durchaus eine bedeutende Entdeckung sein, ja manchmal stolperten die Forscher geradezu über neue quantifizierbare Eigenschaften, die ihnen die Natur mitteilte. Wie wir in diesen beiden Kapiteln gesehen haben, ließen sich jedoch die allermeisten dieser Zahlen durch die Bemühungen der Physiker über die Jahrhunderte hinweg erklären. Jede dieser Erklärungen, bei denen eine Naturkonstante überflüssig wurde, bedeutete eine Erkenntnis, die man der Natur abgerungen hatte. Umgekehrt waren alle großen Durchbrüche davon begleitet, dass sich die Anzahl der Naturkonstanten verringerte.

3 Wärme, Strahlung und Materie: Die moderne Physik entsteht

Akteure	Jahr	Vision	Formel	obsolet
Kepler	1600 1610	Sonne im Mittelpunkt	Kepler-Gesetze	Epizykel
Newton	1687	Irdische und himmlische Gravitation	$g = \dfrac{GM}{r^2}$	g
Balmer	1885	Mathematik in Atomspektren	$1/\lambda = R(\frac{1}{2^2} - \frac{1}{3^2})$,	$\lambda_1, \lambda_2, \ldots$
Weber, Hatamura, Bohr	1904 1913	Atom als So-sys., h als Drehimpuls	$R = \dfrac{m_e e^4}{8 c\, \varepsilon_0^2 h^3}$	R
Planck	1900	Einheitliches Strahlungs-gesetz	$I(\sigma, \lambda)\ldots$	Wien, Raylei gh-J.
Maxwell, Weber, Ampère	1864	Vereinigung Elektrizität Magnetismus	Maxwellsche Gleichungen	μ_0
Hertz, Weber	1888	Licht ist elmag. Welle	$1/c^2 = \varepsilon_0 \mu_0$	ε_0
Mayer, Joule	1842	Wärme ist kinetische Energie	$\tfrac{1}{2} m v^2 = kT$	k
Demokrit, Dalton, Mendelejew, Einstein	500 v. Chr.-1930	Materie aus Elementaren Bausteinen	Schrödinger-Gleichung	Atom-massen
Einstein	1905	c konstant	$E = mc^2$, $t'/t = \ldots$	…

Die verbleibenden Naturkonstanten müssen daher als besonders wichtige, „abgehärtete" Zahlen gelten, die sich bisher jeder Erklärung widersetzten und die wir daher eingehend betrachten müssen.

WIE VIELE NATURKONSTANTEN GIBT ES?

Dazu gehören die Ausdehnung des Protons $r_u = 0{,}84 \cdot 10^{-15}$ m und dessen Masse $m_p = 1{,}6726 \cdot 10^{-27}$ kg. Statt der Masse des Elektrons m_e, die man ebenfalls als grundlegend betrachten könnte,[1] verwenden wir als Naturkonstante das Massenverhältnis $m_p/m_e = 1836{,}15...$, offensichtlich eine unerklärte Zahl. Ebenso hatten wir schon über den rätselhaften numerischen Wert

$$\frac{e^2}{2hc\varepsilon_0} \approx \frac{1}{137},$$

die sogenannte Feinstrukturkonstante, gesprochen, die ein ebenso großes Rätsel darstellt. Richard Feynman bemerkte dazu:

> *„Man möchte sagen, Gott schrieb diese Zahl, aber wir wissen nicht, wie er seinen Stift geführt hat. Wir wissen genau, welchen experimentellen Tanz wir aufführen müssen um diese Zahl genau zu messen, aber wir können sie nicht von einem Computer berechnen lassen – ohne sie heimlich hinein zu stecken! Alle guten theoretischen Physiker hängen diese Zahl an die Wand und zerbrechen sich den Kopf darüber."*

Vorerst ausklammern für unsere grundlegende Betrachtung möchte ich die Masse des Neutrons m_n, welche sich nur wenig von der Protonenmasse unterscheidet, und uns auf stabile Teilchen beschränken. Denn am Anfang jeder Diskussion müsste die Frage stehen, warum die Natur überhaupt instabile, radioaktive Teilchen (das Neutron zerfällt im Mittel nach ca. 15 Minuten) benötigt und inwiefern eine Physik ohne Radioaktivität grundlegenden Naturgesetzen widersprechen würde. Dieses Rätsel ist ungelöst, daher möchte ich nicht in das unübersichtliche Feld der zerfallenden Teilchen einsteigen, obwohl auch die Halbwertszeit des Neutrons t_n eigentlich eine erklärungsbedürftige Zahl ist. Anomalien bezüglich von Halbwertszeiten sind übrigens ein hochinteressantes Thema, obwohl ihm im derzeitigen Paradigma

---

[1] Im Gegensatz zur Ausdehnung des Protons ist die Ausdehnung des Elektrons r_e nicht theorieunabhängig messbar, weshalb wir sie nicht als Naturkonstante aufführen.

3 Wärme, Strahlung und Materie: Die moderne Physik entsteht

wenig Aufmerksamkeit geschenkt wird.[10] Mehr dazu noch später.

Die Anzahl der „elektrischen" Konstanten wurde schon durch die erwähnten Revolutionen von Faraday, Maxwell und Hertz reduziert, so dass alle verbleibenden Konstanten in der Definition Feinstrukturkonstante enthalten sind. Könnte man diese Zahl $\frac{1}{137} \approx \frac{e^2}{2hc\varepsilon_0}$ also berechnen, wären die Rätsel der elektrischen Konstanten gelöst. Neben den gerade erwähnten Massen und Längen verbleiben jedoch die Lichtgeschwindigkeit c, das Plancksche Wirkungsquantum h und die Gravitationskonstante G als freie Parameter.

Wer die moderne Physik seit 1930 verfolgt hat, dem wird auffallen, dass mit einer Vielzahl von neu entdeckten Teilchen sehr viele quantitative Eigenschaften der Natur gemessen wurden, die man nach unserer Definition als Naturkonstanten bezeichnen müsste: man denke an Myonen, Pionen, Quarks, verschiedene Neutrinosorten oder gar W-, Z- und Higgs-Bosonen. Da grundlegende Fortschritte jedoch immer mit einer Verringerung der Anzahl solcher Parameter einhergingen, liegt der Schluss nahe, dass sich das Standardmodell der Teilchenphysik seither in einer ähnlichen Sackgasse befindet wie bei den mittelalterlichen Epizykeln.[11] Da wir hier an elementaren Einsichten interessiert sind, werde ich diese Modelle ab 1930 daher nicht mehr näher betrachten, da zu dieser Zeit die Physik mit den wenigsten Naturkonstanten beschrieben wurde. Denn ohne die damals bestehenden Rätsel gelöst zu haben, wären Bemühungen, eine Vielzahl neuer Parameter zu verstehen, ohnehin zum Scheitern verurteilt.

Teil I: Eine kurze Geschichte der Physik

4 Kosmologie erklärt die Gravitationskonstante

Just in der erfolgreichen Phase der Physik, in der die Erklärung der Mikrowelt weit fortgeschritten war, öffnete sich ein neues Fenster physikalischer Beobachtungen: die Kosmologie. Der amerikanische Astronom Edwin Hubble konnte 1923 bestätigen, dass es außer der Milchstraße überhaupt andere Galaxien im Universum gab. Dies führte in der Folge zu Messungen, die man als freie Parameter bzw. Naturkonstanten betrachten muss. Trotz dieser faszinierenden neuen Daten – so viel kann ich vorausschicken – ist das Verständnis dieser kosmologischen Parameter nicht weiter fortgeschritten als in der Mikrowelt der Atome.

Daran ändert übrigens nichts, dass Einstein seine spezielle Relativitätstheorie von 1905 in den folgenden Jahren zu einer allgemeinen Relativitätstheorie erweiterte, welche die Gravitation umfasste.[1] Denn die Naturkonstanten, welche die beobachtende Kosmologie liefern sollte, waren um diese Zeit noch nicht bekannt! Edwin Hubble entdeckte erst 1929, dass das Licht entfernter Galaxien ins Rote verschoben war. Dies wird seither als Expansion des Universums interpretiert; jedenfalls sind Hubbles Beobachtungen Evidenz für ein endliches Alter und eine endliche Größe des Universums.

Bevor wir dies detaillierter betrachten, sei hier nochmals Paul Dirac erwähnt, der 1937 als erster[12] auf den möglichen Zusammenhang der Physik des Kosmos und der Atome hingewiesen hatte. Im wissenschaftstheoretischen Sinne ist dies eine visionäre

---

[1] Natürlich bestätigte sich diese Theorie an Messwerten, die insofern wieder keine Zeit hatten, zu unverstandenen Parametern zu werden.

Idee, auf deren erstaunliche Konsequenzen ich später noch näher eingehe.

Die kosmologische Forschung hat sich in jüngerer Zeit leider ähnlich wie die Teilchenphysik entwickelt. Dabei wurden in einem immer komplizierteren Modell widersprechende Beobachtungen stets mit neuen freien Parametern „erklärt". Die Diskussion dieser Modelle, insbesondere die Konzepte von „Dunkler Materie" und „Dunkler Energie", ist für die Suche nach grundlegenden Zusammenhängen wenig hilfreich. Der Blick auf das Wesentliche erfordert vielmehr, sich auf Naturkonstanten zu konzentrieren. In unserem technischen Sinne sind dies quantitative Mitteilungen der Natur wie das seit den 1930er Jahren bekannte Alter des Universums t_u. Da sich seit dessen Beginn Lichtsignale ausbreiten, ergibt sich die Ausdehnung[1] des Kosmos aus $R_u = c \cdot t_u$, also dem Produkt aus dem Alter des Universums und der Lichtgeschwindigkeit. Da diese Gleichung eine Konstante überflüssig macht, verwenden wir der Einfachheit halber im Folgenden nur mehr den Radius des Universums R_u (ca. 10^{26}m). Die Bestimmung der Masse von Galaxien und der durchschnittlichen Galaxiendichte im Universum[13] ist im Prinzip möglich, obwohl halbwegs genaue Messungen erst viel später als 1930 zur Verfügung standen. Weniger als der präzise Wert interessiert uns die prinzipielle Möglichkeit, die Masse M_u des Universums innerhalb des derzeitigen Horizontes R_u zu bestimmen sowie ihre Größenordnung (etwa 10^{52} kg). Teilt man diese Masse durch das entsprechende Kugelvolumen, erhält man eine Näherung für die mittlere Dichte des Universums, die ganz grob einem Atom pro Kubikmeter entspricht.

---

[1] Statt des Alters wird oft die sogenannte Hubble-Konstante $H_0 = 1/t_u$ verwendet. Die Ausdehnung R_u ist ebenfalls ein modellabhängiger Wert, hier ist die Größenordnung maßgeblich.

4 Kosmologie erklärt die Gravitationskonstante

WIE GEHT ES WEITER?

Fassen wir also den Zustand der Teilchenphysik um 1930 etwas idealisiert zusammen[1] und betrachten wir zusätzlich die Mitteilungen aus dem Kosmos, erfordert die einfachste Naturbeschreibung immer noch nicht weniger als neun verschiedene Konstanten, nämlich G, h, c, M_u, R_u, m_p, r_p sowie die beiden Zahlen 137,036 und 1836,15...

Es ist zwar aus den beiden vorangegangenen Kapiteln klar geworden, dass grundlegender Fortschritt nur über eine weitere Verringerung der Zahl der Naturkonstanten erfolgen kann. Betrachtet man jedoch die Häufigkeit von revolutionären Durchbrüchen in der Physik in der Vergangenheit (seit hundert Jahren ist keiner in diesem Sinne sichtbar), erscheint die Aussicht zunächst relativ trostlos. Dies gilt umso mehr, als anscheinend die Physik in den letzten Jahrzehnten daran gescheitert ist, diese neun offensichtlich wirklich „harten Nüsse" zu knacken.

Allerdings wird von der großen Mehrheit der Physiker leider übersehen, dass durch die Überlegungen einiger visionärer Denker die Anzahl dieser Konstanten bereits reduziert wurde, und weitere Erklärungen in Reichweite scheinen. Neben dem erwähnten Paul Dirac gehen diese Überlegungen zum großen Teil auf Albert Einstein zurück, dessen vielleicht wichtigste Idee zur allgemeinen Relativitätstheorie bis heute praktisch unbekannt geblieben ist. Ausführlich habe ich diese Idee und ihre Konsequenzen in meinem Buch *Einsteins verlorener Schlüssel* dargelegt, in dem der Leser sowohl die experimentellen Belege als auch die geschichtliche Entwicklung vertiefen kann. Hier werden wir uns dagegen auf die Eliminierung der Gravitationskonstante G und deren revolutionäre Folgen beschränken.

---

[1] Messwerte wie die Myonenmasse m_m=206,77... m_e helfen im naturphilosophischen Sinn wenig weiter. ε_0 und μ_0 dagegen sind bereits in 137... enthalten.

DER DENKER AUS WIEN

Die visionäre Idee zur Erklärung der Gravitationskonstante geht auf den Wiener Philosophen und Physiker Ernst Mach zurück, der 1883 in seiner *Mechanik* grundlegende Überlegungen zur Schwerkraft publiziert hatte. Newton hatte das Postulat eines absoluten Raumes – genau dies wird auch in diesem Buch infrage gestellt – mit einem Experiment eines Eimers gerechtfertigt, in dem das Wasser an den Wänden hochsteigt, sobald er in Rotation versetzt wird. Newton behauptete, dies beweise die Existenz eines absoluten, ruhenden Raumes. Mach formulierte jedoch folgenden tiefsinnigen Einwand: *„Niemand kann sagen, wie der Versuch verlaufen würde, wenn die Gefässwände immer dicker und massiger, zuletzt mehrere Meilen dick würden..."* und suggerierte dabei, die entfernten Massen im Universum könnten die Ursache der Trägheit sein.

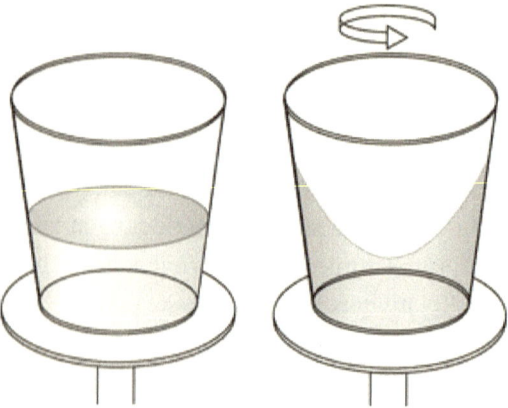

Das berühmte Gedankenexperiment von Newton: Stillstehender Eimer (links) und rotierender Eimer (rechts), in dem der Wasserspiegel an den Wänden ansteigt.

In einem weiteren visionären Gedankenschritt erfasste Mach, dass Trägheits- und Schwereeigenschaften von Massen von gleicher Natur sind – ein Gedanke, den Albert Einstein 25 Jahre

4 Kosmologie erklärt die Gravitationskonstante

später als Äquivalenzprinzip zur Grundlage seiner allgemeinen Relativitätstheorie machen sollte.[14]

Ernst Mach (1838–1916)

Als Ergebnis seiner Überlegungen folgerte Mach, dass die Ursache der Gravitation in dem Vorhandensein aller anderen Massen im Universum liegen müsse. Dies hat seither als *Machsches Prinzip* eine gewisse Bekanntheit erreicht, wird jedoch in seiner Wichtigkeit grob unterschätzt. Vor allem ist es tragisch, dass Ernst Mach – vierzig Jahre vor Beginn der beobachtenden Kosmologie – keine Chance hatte, seine Vermutungen bestätigt zu sehen. Denn erst Ende der 1930er Jahre zeigte sich: die Masse und Ausdehnung des Universums hängen in faszinierender Weise mit der Größe der Gravitationskonstante zusammen. Diese Beobachtung hätte den Überlegungen von Ernst Mach eigentlich zum Durchbruch verhelfen müssen. Denn das Produkt aus dem Quadrat der Lichtgeschwindigkeit und dem Radius des Universums ist ungefähr gleich dem Produkt aus dessen Masse und der Gravitationskonstante; es gilt näherungsweise die Formel

$$G \approx \frac{c^2 R_u}{M_u}.$$

In der derzeitigen Kosmologie wird diese Koinzidenz als „Flachheit" bezeichnet und mit dem Konzept einer „kosmischen Inflation" in Verbindung gebracht, welche, wie viele moderne Ideen, keinerlei Erklärungswert besitzt. Paul Dirac wunderte sich hingegen schon 1938 über den Zusammenhang, aber interessanterweise hatte schon 1925 Erwin Schrödinger in einem weitblickenden Artikel über Kosmologie über diese Koinzidenz spekuliert, noch vor Hubbles Messungen. Schrödinger kam darauf, weil ihm aufgefallen war, dass der konventionelle Ausdruck für das Gravitationspotenzial, GM/r, die Einheiten eines Geschwindigkeitsquadrats, also m²/s² hatte, und vermutete damals bereits, das gesamte Gravitationspotenzial des Universums sei gleich c^2. Wie schon oft, führte hier die Betrachtung der physikalischen Einheiten zu tiefen Einsichten und dient uns daher als Leitgedanke für weitere Fortschritte.

> **8. Die Erfüllbarkeit der Relativitätsforderung in der klassischen Mechanik;**
> **von E. Schrödinger.**
>
> Gegen die klassische Punktmechanik mit Zentralkräften, deren Grundlagen in klarster Form von L. Boltzmann[1]) herausgearbeitet wurden, ist bekanntlich schon von E. Mach[2]) der Einwand erhoben worden, daß sie der vom erkenntnistheoretischen Standpunkt sich aufdrängenden Relativitätsforderung nicht genüge: ihre Gesetze gelten nicht für *beliebig*

Schrödingers Originalveröffentlichung aus dem Jahr 1925

EINSTEINS BESTE IDEE

Noch früher, nämlich 1911, hatte Albert Einstein aus einer ganz anderen Überlegung heraus diesen Gedanken in eine Gleichung eingebaut, die am Anfang der Überlegungen zur

4 Kosmologie erklärt die Gravitationskonstante

Entwicklung der allgemeinen Relativitätstheorie stand. Der Grundgedanke der allgemeinen Relativitätstheorie besteht in dem von Mach schon vorweggenommenen Äquivalenzprinzip: es besagt, dass träge Masse, die sich Beschleunigungen widersetzt und schwere Masse, die Gewichtskraft hervorruft, von gleicher Natur sind. Einstein formulierte dies so: ein beschleunigtes Bezugssystem (zum Beispiel eine im schwerelosen Weltraum beschleunigte Rakete) ist von einem Gravitationsfeld (in dem man ebenfalls eine Beschleunigung spürt) durch Messungen nicht zu unterscheiden. Daraus folgt direkt, dass Lichtstrahlen von gravitierenden Körpern abgelenkt werden,[15] was Einstein damit erklärte, diese Massen verursachten in Ihrer Umgebung eine Verringerung der Lichtgeschwindigkeit. Wie in der konventionellen Optik führt dies wiederum zu einer Krümmung von Lichtstrahlen. Zu dieser Idee der variablen Lichtgeschwindigkeit entwickelte Einstein eine Formel, in welcher der obige Zusammenhang zwar schon enthalten, aber eben nicht offensichtlich war.

daher die Lichtgeschwindigkeit c in einem Orte vom Gravitationspotential Φ durch die Beziehung

$$(3) \quad c = c_0 \left(1 + \frac{\Phi}{c^2}\right)$$

gegeben sein. Das Prinzip von der Konstanz der Licht-

Auszug aus Einsteins Artikel aus dem Jahr 1911

Zunächst gilt es, hier ein begriffliches Missverständnis auszuräumen. Einstein begründete seine spezielle Relativitätstheorie 1905 mit der „Konstanz" der Lichtgeschwindigkeit, was nach wie vor seine Berechtigung hat. Denn die gemessene Lichtgeschwindigkeit ändert sich nicht, *egal* wie sich der Beobachter bewegt, das heißt, sie ist konstant im Hinblick auf einen Wechsel des Bezugssystems. Da hier aber immer nur von einem bestimmten Punkt zu einer bestimmten Zeit die Rede ist, widerspricht dies dem Konzept einer von Raum und Zeit abhängigen Lichtgeschwindigkeit nicht.

Man kann es nur als eine unselige Laune der Geschichte bezeichnen, dass Einstein zu dieser Zeit von der wahren Größe des Universums nichts wissen konnte, denn sonst wäre ihm der Zusammenhang $\frac{c^2}{G} \approx \frac{M_u}{R_u}$ unweigerlich aufgefallen. Ohne jedoch seine Formel in den größeren Kontext des Machschen Prinzips einordnen zu können, und durch einen weiteren Rechenfehler bedingt, gab er diese Idee in den folgenden Jahren zugunsten einer anderen Formulierung der allgemeinen Relativitätstheorie auf, die sich heute weitgehend durchgesetzt hat. Auf die folgenden, bis heute andauernden Irrungen und Wirrungen der Kosmologie kann ich hier ebenfalls nicht eingehen, jedoch ist es aus methodischer Perspektive klar, dass allein schon die numerische Koinzidenz $\frac{c^2}{G} \approx \frac{M_u}{R_u}$ Anlass genug ist, Einsteins ursprüngliche Idee weiterzuverfolgen.

UNABHÄNGIGE WIEDERDECKUNG

Die überraschende Gleichheit hat mehrere Denker zur Theoriebildung angeregt, darunter den britisch ägyptischen Kosmologen Dennis Sciama, der 1953 dazu einen grundlegenden Aufsatz[16] schrieb, vor allem aber den amerikanischen Astrophysiker Robert Dicke, der 1957 diesen Ansatz wiederentdeckte und entscheidend weiterentwickelte, ohne von Einstein überhaupt zu wissen.[17] Der einfache Zusammenhang $G = \frac{c^2 R_u}{M_u}$ leidet darunter, dass er noch keinen physikalischen Mechanismus erkennen lässt. Nach Dickes Rechnung jedoch ist die anschauliche Größe des Gravitationspotenzials (wie schon von Schrödinger und Sciama vermutet) mit c^2 verbunden, eine wunderschöne Realisierung des Machschen Prinzips. Man kann also schreiben:[18]

$$G \sum \frac{m_i}{r_i} = \frac{1}{4} c^2,$$

4 Kosmologie erklärt die Gravitationskonstante

wobei Σ bedeutet, die Summe über alle Massen m_i im Universum, geteilt durch den jeweiligen Abstand r_i, zu nehmen. Dicke korrigierte jenen Fehler, der Einstein 1912 zur Aufgabe der variablen Lichtgeschwindigkeit bewogen hatte, und zeigte als erster, dass die variable Lichtgeschwindigkeit ebenso wie die herkömmliche Formulierung der allgemeinen Relativitätstheorie alle bekannten Testergebnisse beschreibt; dazu ist der Faktor ¼ vor c^2 nötig.

Der Leser mag sich hier wundern, warum diese Entdeckung 1957 nicht größere Wellen geschlagen hat. Obwohl Dicke hervorhob, dieses Resultat sei im Sinne des Machschen Prinzips „zutiefst befriedigend", versäumte er es, klar darauf hinzuweisen, dass mit G eine wichtige Naturkonstante eliminiert werden konnte. Beim Studium der Wissenschaftsgeschichte wird jedoch auch klar, dass es keineswegs immer von objektiven Maßstäben abhängt, welche Theorie von der Mehrheit der praktizierenden Wissenschaftler akzeptiert wird. Vielmehr sind es oft Zufälligkeiten und soziologische Effekte, welche die dominierende Formulierung bestimmen.

Einsteins ursprüngliche Idee, die Ablenkung von Lichtstrahlen durch eine variable Lichtgeschwindigkeit zu beschreiben (anstatt durch einen gekrümmten Raum), verbessert in Dickes Theorie, mag man mit Recht als einfacher bezeichnen. In der schon lange beobachtbaren Mystifizierung von Einstein gilt es aber heutzutage fast schon als verdächtig, wenn eine physikalische Theorie noch verständlich ausgedrückt werden kann. Dass die variable Lichtgeschwindigkeit die Beobachtungen ebenso gut beschreibt, wie die herkömmliche geometrische Formulierung der allgemeinen Relativitätstheorie, ist inzwischen von einer ganzen Reihe von Wissenschaftlern[19] gezeigt worden, sickert jedoch nur sehr langsam in das Bewusstsein der Physiker ein.

Teil I: Eine kurze Geschichte der Physik

AM ANFANG WAR DIE KOINZIDENZ

In der allgemeinen Relativitätstheorie verwendete Einstein übrigens statt der Gravitationskonstante G die Konstante $\kappa = \frac{8\pi}{c^4}$, welche sich tatsächlich als noch praktikabler herausstellt. Im Folgenden verwenden wir statt

$$\frac{c^2}{4G} = \sum \frac{m_i}{r_i} \qquad \text{die Formel} \qquad \frac{1}{c^2} = \frac{\kappa}{2\pi} \sum \frac{m_i}{r_i},$$

welche insofern noch grundlegender ist.[20] Hinsichtlich der Übereinstimmung mit allen Beobachtungsdaten[1] ist sie jedoch zu Dickes Theorie äquivalent.

Aus dem Ansatz $\frac{1}{c^2} = \frac{\kappa}{2\pi} \sum \frac{m_i}{r_i}$ mit $\kappa = \frac{8\pi G}{c^4}$ ergibt sich zwanglos das Newtonsche Gravitationsgesetz. Da das Gravitationspotenzial φ nach der Dicke-Formel ¼ c^2 ist, erhält man durch Differenzieren die lokale Beschleunigung

$$g = -\nabla \varphi = -\nabla \tfrac{1}{4} c^2 = -\nabla \frac{2\pi}{\kappa \sum \frac{m_i}{r_i}}.$$

Der Operator ∇ „Nabla" bedeutet eine Ortsableitung. Durch die Anwendung der Kettenregel des Differenzierens erhält man

$$g = \frac{2\pi}{\kappa \left(\sum \frac{m_i}{r_i}\right)^2} \sum \frac{m_i}{r_i^2} = \frac{c^2}{4 \sum \frac{m_i}{r_i}} \sum \frac{m_i}{r_i^2} = G \sum \frac{m_i}{r_i^2}.$$

Hier taucht plötzlich das quadratische Abstandsgesetz Newtons auf. Im zweiten Schritt wurde für c^2 der Term $\frac{2\pi}{\kappa \sum \frac{m_i}{r_i}}$ eingesetzt und am Ende $\frac{c^2}{4 \sum \frac{m_i}{r_i}}$ mit der Gravitationskonstante G identifiziert, so wie es Sciama und Dicke vermutet hatten.

---

[1] Interessant ist, dass es hier weitere Möglichkeiten gibt. Man könnte sogar eine beliebige Funktion der obengenannten Summe verwenden; dafür gibt es aber keine gute theoretische Rechtfertigung.

4 Kosmologie erklärt die Gravitationskonstante

Führt man die Summe unter der Annahme einer konstanten mittleren Dichte im Universum aus,[1] so ergibt sich wieder der schon beobachtete Zusammenhang $\kappa = \frac{4\pi R_u}{3 M_u c^2}$ bzw. $G = \frac{c^2 R_u}{6 M_u}$, was konkret die Gravitationskonstante eliminiert.

Dadurch wird auch die Masse M_u des Universums festgelegt, was vielleicht gewagt erscheint, weil genaue unabhängige Messungen nicht existieren. Ein ähnlicher Fall liegt jedoch bei der Erdmasse vor, die man mit geologischen Methoden nicht genau bestimmen kann, sondern ebenfalls aus G erschließt.[21] Wir verlassen uns also beim Blick „nach innen" und „nach außen" auf die Theorie.

> 4. *Über den Einfluß
> der Schwerkraft auf die Ausbreitung des Lichtes;
> von A. Einstein.*
>
> ---
>
> Die Frage, ob die Ausbreitung des Lichtes durch die

Einsteins Artikel in den Annalen der Physik 1911

Entscheidend ist aber, dass es sich beim Modell der variablen Lichtgeschwindigkeit nicht einfach nur um einen spekulativen Zusammenhang handelt, sondern dieser durch ein konsistentes mathematisches Theoriegebäude entsteht, welches die zahlreichen Tests der allgemeinen Relativitätstheorie auch quantitativ wiedergibt. Umgekehrt muss diese Entdeckung auch Anlass sein, entsprechende numerische Koinzidenzen ernst zu nehmen, schon bevor die entsprechende Theorie ausgearbeitet ist. Denn ohne die Leitung durch solche Vermutungen wären die allermeisten

---

[1] Diese Annahme enthält natürlich eine Näherung. Tatsächlich könnte es Variationen der Gravitationskonstante aufgrund der räumlichen Massenverteilung geben. Nicht unbedingt beobachtbar muss dagegen eine *zeitliche* Variation von G sein, die Dirac 1938 – vielleicht etwas voreilig – vorausgesagt hatte. Näheres dazu in *Einsteins verlorener Schlüssel*.

Durchbrüche der Physik nicht erreicht worden: man denke zum Beispiel an die von Wilhelm Weber oder Johann Jakob Balmer gefundenen Koinzidenzen.

DER GROSSE SCHRITT INS UNIVERSUM

Leider konnten Mach, Einstein, Schrödinger, Dirac, Sciama und Dicke Jahrzehnte vor dem Internetzeitalter nicht den gemeinsamen Nenner ihrer Ideen erkennen, so wie dies heute möglich ist. Aus methodischer Sicht zählt vor allem, dass die Gravitationskonstante G obsolet wird, was man nochmals in den historischen Kontext setzen muss, auch wenn diese Erkenntnis noch nicht allgemein verbreitet ist. Isaac Newton hatte die kühne Idee, irdische Gravitation, quantifiziert durch die Erdbeschleunigung g, mit den Himmelskörpern zu verbinden, was zu der erklärenden Gleichung $g = \frac{GM}{r^2}$ führte. Genauer gesagt, ist jedoch die lokale Beschleunigung g von allen Massen bestimmt, sodass man schreiben müsste (wegen der Richtungsabhängigkeit mit den Vektoren $\vec{e_i}$)

$$g = \sum \frac{m_i \vec{e_i}}{r_i^2},$$

wobei natürlich entfernte Massen praktisch nicht spürbar sind. g und viele andere willkürliche Zahlen waren damit erklärt, und auf die Konstante G zurückgeführt, deren Ursprung jedoch unbekannt blieb. So wie Newton die irdische mit der himmlischen Gravitation verband, wagte Mach den Sprung vom Sonnensystem ins Universum. Die Formel $\frac{c^2}{4G} = \sum \frac{m_i}{r_i}$ erklärt in analoger Weise die Konstante G, so wie das Newtonsche Gravitationsgesetz g erklärt hatte. Interessanterweise kommt dabei der Abstand der Massen im Nenner nur in einfacher Potenz vor, statt im Quadrat wie bei Newton, was natürlich aus Gründen der physikalischen Einheiten so sein muss.

Teil II: Das Ende von Raum und Zeit

„Man beschäftige sich nicht mit Teilproblemen, sondern nehme dort Zuflucht, wo sich eine freie Sicht über das einzige große Problem bietet, auch wenn diese Sicht noch nicht klar ist."

Ludwig Wittgenstein

Teil II: Das Ende von Raum und Zeit

5 Der Kosmos ohne Expansion: die Atome werden kleiner

Nachdem es gelungen ist, die Gravitationskonstante G zu erklären, beschreibe ich in diesem Kapitel einen weiteren Schritt der Vereinfachung. Die visionäre Idee in allgemeiner Form hatte der bereits erwähnte Paul Dirac, der 1937 numerische Koinzidenzen zwischen der Größe des Protons und des Universums entdeckt hatte. 1938 führte er den Gedanken in den *Proceedings of the Royal Society* näher aus und schrieb:[22] *„Dies deutet auf einen tiefen Zusammenhang zwischen Kosmologie und Atomphysik hin"*. Wie auch Einstein, hatte offenbar auch Dirac lange Jahre über die Vereinigung von Gravitation und Elektromagnetismus nachgedacht, allerdings mehr unter dem Blickwinkel der Naturkonstanten. In der einfachsten stabilen Struktur der Natur, dem Wasserstoffatom, werden die Bestandteile Proton und Elektron ganz überwiegend von der elektrischen Kraft zusammengehalten; rein theoretisch lässt sich jedoch auch deren Gravitationsanziehung berechnen. Dirac fiel auf, dass das Verhältnis der beiden Kräfte

$$\frac{F_e}{F_g} = \frac{e^2}{4\pi\varepsilon_0 G m_p m_e} \approx 2{,}3 \cdot 10^{39}$$

eine unbeschreiblich große Zahl mit annähernd 40 Nullen war. Dirac, der von in der Natur auftauchenden Zahlen fasziniert war, und es als selbstverständliche Aufgabe eines theoretischen Physikers begriff, diese zu berechnen, war schockiert von dieser Zahl, die allein durch ihre Größe so ein Unterfangen auf den ersten Blick hoffnungslos erscheinen lassen musste. Umso mehr elektrisierten ihn die ersten Abschätzungen der Größe des Kosmos, als er feststellte, dass sich aus dem Verhältnis des sichtbaren

Horizonts R_u zum Radius[I] des Protons r_u ebenfalls eine ähnlich große Zahl mit 40 Nullen ergab. Die Verbindung zwischen diesen mikroskopischen Größen und denen des Weltalls ist in der Tat auffällig.

UND NOCH EIN ZUFALL

Umso unverständlicher ist die stiefmütterliche Behandlung, die Diracs Hypothese heute erfährt; nicht selten wird sie als „Zahlenspielerei" diffamiert. Dabei ist den meisten Physikern unbekannt, dass Dirac noch eine zweite, ebenso überraschende Koinzidenz entdeckt hatte, welche mit der obigen zusammenhängt und somit einen Zufall extrem unwahrscheinlich macht. Nach den ersten Messungen der Gesamtmasse M_u im Universum in den 1930er Jahren dividierte Dirac diese durch die Masse des Protons m_p und erhielt so eine Abschätzung der Teilchenzahl im Universum, die mit 10^{78} etwa dem Quadrat jener anderen geheimnisvollen Zahl 10^{39} entsprach! Dies ist vollkommen rätselhaft, verleiht aber der ersten Beobachtung zusätzliches Gewicht.[II] Jahrzehntelang hat diese zweite Beobachtung von Dirac jeglichen Erklärungsversuchen widerstanden, insbesondere scheint sie allen etablierten kosmologischen Modellen zu widersprechen. Denn normalerweise sollte sich die Teilchenanzahl mit dem Volumen, also der dritten Potenz der Abmessung des Universums ändern, nicht nur mit der zweiten. Umso bemerkenswerter ist es jedoch, dass dies letztlich aus Einsteins Idee der variablen Lichtgeschwindigkeit von 1911 folgt, wenn man deren verbesserte Formulierung durch Dicke 1957 konsequent zu Ende denkt.

[I] Der derzeitige Messwert ist $0,84 \cdot 10^{-15}$ m, allerdings sind dabei Modellannahmen, die das wahrscheinlich unzureichende Verständnis reflektieren.

[II] Wie schon Dirac bemerkte, können dabei noch Faktoren wie zum Beispiel die Feinstrukturkonstante 1/137 vorkommen. Das Bemerkenswerte ist in jedem Fall die Übereinstimmung der Größenordnungen.

5 Der Kosmos ohne Expansion: die Atome werden kleiner

Mit Blick auf das Ziel, die Anzahl der Naturkonstanten zu reduzieren, werde ich die Darstellung dieses Ergebnisses, die detailliert in meinem Buch *Einsteins verlorener Schlüssel* zu finden ist, auf das Notwendige beschränken. Das mathematische Modell hierzu ist nicht wirklich schwer zu verstehen, erfordert aber dennoch ein kleines Ausholen.

AM ANFANG WAR DAS LICHT

Woher können wir wissen, dass eine Sekunde heute genauso lang dauert wie eine Sekunde gestern? –
Julian Barbour, The End of Time

Die Lichtgeschwindigkeit c wird durch die Präsenz von Massen erniedrigt. Diese Annahme führte zu der Übereinstimmung mit den Tests der Allgemeinen Relativitätstheorie, kann aber bis dahin als eine rein räumliche Variation von c betrachtet werden.

Offensichtlich wird aber allein dadurch, dass sich Licht ausbreitet, der für uns sichtbare Horizont des Universums jeden Tag größer, und mit ihm die darin enthaltene Masse. Kosmologisch betrachtet, muss also durch diese Massenzunahme die Lichtgeschwindigkeit mit der Zeit abnehmen, was zunächst nicht auffällt. Denn mit der Lichtgeschwindigkeit sind auch die entsprechenden Zeit- und Längenmaßstäbe veränderlich, daher springt die Änderung der Lichtgeschwindigkeit nicht ins Auge, sondern äußert sich nur indirekt über die Lichtablenkungen an Massen. Es gilt die Formel

$$c = \lambda f,$$

wobei λ die Wellenlänge und f die Frequenz des Lichts ist. Nimmt c ab, müssen auch die Wellenlängen λ und die Frequenzen f kleiner werden, wobei die Übereinstimmung mit den Tests der Allgemeinen Relativitätstheorie erfordert, dass ihre relativen Änderungen gleich groß sind. Sinkt beispielsweise die

Lichtgeschwindigkeit auf 96 Prozent ihres Wertes, so nehmen sowohl λ als auch f auf ca. 98 Prozent ab.

Dies gilt für alle von Atomen aufgenommenen und ausgesandten Lichtwellen, sodass wir uns vorstellen müssen, in einer Welt von variablen Maßstäben zu leben, deren langsame Veränderung jedoch der direkten Messung verborgen bleibt. Als Robert Dicke sich 1957 mit diesem Modell beschäftigte, brachte er diese Veränderung der Wellenlängen λ mit der kosmischen Rotverschiebung des Galaxienlichts in Verbindung. Er analysierte die für die Lichtwellen maßgeblichen Maxwell-Gleichungen und stellte Folgendes fest: Wenn sich Licht im Universum ausbreitet, wird die Abnahme der Lichtgeschwindigkeit in der obigen Formel *allein* von einer Abnahme der Frequenz f verursacht, während die Wellenlänge λ des sich ausbreitenden Lichts gleich bleibt. Dies hat jedoch eine dramatische Konsequenz: erreicht dieses Licht nach kosmischen Distanzen Atome, deren Referenzwellenlängen während der Reisezeit abgenommen haben, so erscheint es an diesen Orten als zu langwellig. Dies ist die kosmische Rotverschiebung, die von Edwin Hubble erstmals beobachtet wurde!

DAS UNIVERSUM EXPANDIERT NICHT

Das bahnbrechend Neue an Dickes Idee ist, diese Rotverschiebung des Lichts entfernter Galaxien nicht als Bewegung und damit auch nicht als Ausdehnung des Universums zu interpretieren, für die es ohnehin nie eine befriedigende Erklärung gegeben hatte. Vielmehr ist in seinem Modell die kosmische Rotverschiebung eine Folge aus der elementaren Eigenschaft des Lichts, dass dieses sich ausbreitet. Es gibt damit keine materielle Expansion des Universums, sondern lediglich eine Erweiterung des uns durch Licht zugänglichen Bereichs, also des Horizonts. Die Lichtgeschwindigkeit c ist damit die Ausbreitungsgeschwindigkeit des Horizonts, und diese kosmologische Messung

5 Der Kosmos ohne Expansion: die Atome werden kleiner

verknüpfte Dicke mit den mikroskopischen Eigenschaften des Lichts, für das $c = \lambda f$ gilt. Man kann dies als die Fortsetzung der visionären Idee Diracs sehen, die auch schon den richtigen Rahmen für die mathematische Formulierung entwirft. Denn Dicke hatte die Veränderlichkeit von allen Maßstäben bereits diskutiert, die in der Tabelle weiter unten zusammenfasst sind.

Es gibt aber zwei weitere befriedigende Aspekte vorab: weder muss man sich noch über die Ursache einer materiellen Expansion des Kosmos wundern, die sich als Illusion erweist, noch muss man wie beim Verständnis des herkömmlichen Urknalls zu Absurditäten wie einer *creatio ex nihilo* greifen. Erneut ist es unverständlich, dass diese alternative Erklärung – vielmehr es ist die erste Erklärung überhaupt – der Rotverschiebung bis heute derart unbekannt geblieben ist. Leider hatte Dicke einen unpassenden Titel[23] für seine Veröffentlichung gewählt und seine revolutionäre These zur Nicht-Expansion erst auf den hinteren Seiten beiläufig erwähnt.

Aber wie kann durch Dickes Modell die Anzahl der Naturkonstanten verringert werden? Dazu müssen wir ein klein wenig in mathematische Notation eintauchen, werden diese jedoch geeignet veranschaulichen. Grundlage von Dickes Überlegungen ist, dass sich der sichtbare Horizonts mit Lichtgeschwindigkeit ausdehnt. Da in diesen Überlegungen alle Zeit- und Längenmaßstäbe veränderlich sind, ist es zweckmäßig, formal absolute Maßstäbe zu definieren, in denen jene Veränderungen quantitativ dargestellt werden können.

DIE URBLITZ-THEORIE

Wie Dicke erkannte, erforderte mathematische Konsistenz, dass die Lichtgeschwindigkeit mit der Wurzel der absoluten Zeit abnimmt, in Formelsprache:

$$c \sim t^{-\frac{1}{2}} = \frac{1}{\sqrt{t}}.$$

Teil II: Das Ende von Raum und Zeit

Dies hat eine Reihe von Konsequenzen,[1] die in der untenstehenden Tabelle zusammengefasst sind.

Größe		Einh.		Epoche	Bsp.	
Absolute Zeit	t	s	T	10^{52}	10.000	↑↑↑↑
Lichtgeschw.	c	m/s	$t^{-1/2}$	10^{-26}	1/100	↓↓
Wellenlänge	λ	m	$t^{-1/4}$	10^{-13}	1/10	↓
Frequenz	f	1/s	$t^{-1/4}$	10^{-13}	1/10	↓
Zeitschritt	θ	s	$t^{1/4}$	10^{13}	10	↑↑
Geschwindigkeit	v	m/s	$t^{-1/2}$	10^{-26}	1/100	↓↓
Beschleunigung	a	m/s²	$t^{-3/4}$	10^{-39}	1/1000	↓↓↓
Träge Teilchenmasse	m	kg	$t^{3/4}$	10^{39}	1000	↑↑↑
Horizont Universum	R	m	$t^{1/2}$	10^{26}	100	↑↑
Gemessener Horizont	R'	s	$t^{3/4}$	10^{39}	1000	↑↑↑
Gemessene Zeit	t'	s	$t^{3/4}$	10^{39}	1000	↑↑↑
Volumen Universum	V	m³	$t^{3/2}$	10^{78}	1.000.000	6↑
Teilchenzahl	N	–	$t^{3/2} = t^2$	10^{78}	1.000.000	6↑
Masse Universum	M	kg	$t^{9/4} = t^3$	10^{117}	10^9	9↑

Veränderlichkeit von physikalischen Größen in Dickes Modell. Die Exponenten sind auf ganze Zahlen gerundet, der Exponent bei t ist daher näher an 53 statt 52. Weiter wäre durch die veränderlichen Maßstäbe der heutige Wert von R nur halb so groß, wie es der Lichtlaufzeit entspricht, also ca. 6,9 Mrd. Lichtjahre.

---

[1] Diese Formel handelt von einer Proportionalität, kann also noch numerische Faktoren enthalten.

5 Der Kosmos ohne Expansion: die Atome werden kleiner

Neben der Auswirkung auf Wellenlängen λ und Frequenzen f (welche die Einheiten Meter und Sekunde definieren) erscheinen auch Beschleunigungen verlangsamt, weil diese in der veränderlichen Einheit m/s² gemessen werden. Bleibt die Einheit der Kraft konstant, so folgt aus Newtons zweitem Gesetz *F=m·a*, dass Beschleunigungen sich umgekehrt proportional zu Massen verhalten. Mit der Zeit erscheinen daher Massen in einem Universum, in dem Wellenlängen und Frequenzen abnehmen, träger und damit schwerer. Dies wird später noch wichtig.

DICKES FOLGENSCHWERES VERSEHEN

Leider versäumte es Dicke, die Revolution zu vollenden und eine der Diracschen Hypothesen zu bestätigen. So glaubte er, die Formel für die Teilchenzahl $N \sim t^{\frac{3}{2}}$ (s.Tabelle) widerspreche der zweiten Vermutung von Dirac, der von $N \sim t^2$ ausgegangen war.

Da ich Dickes Rechtfertigung dafür als ziemlich unnatürlich empfand, fiel mir nach mehrmaligem Durchgehen des Artikels auf, dass er offenbar die absolute Zeiteinheit t mit der von ihm selbst definierten beobachtbaren Zeit t′ verwechselt hatte,[24] die wegen der veränderlichen Frequenz-Maßstäbe sich wie $t^{-\frac{3}{4}}$ entwickelt.

Diracs Vermutung, die mir schon länger bekannt war, ist dagegen erfüllt,[1] wenn man die Teilchenzahl als Funktion der beobachteten Zeit t′ schreibt: $N \sim t'^2$. Da sich der Radius des Protons r_p ebenso wie die Wellenlängen λ entwickelt, gilt, wie aus den Zahlen in der Tabelle auch leicht ersichtlich,

$$\frac{M_u}{m_p} \approx \frac{R_u^2}{r_p^2}.$$

---

[1] Dies wurde zuerst publiziert in A. Unzicker, Annalen der Physik 18 (2009), S. 53-70, vgl. auch Unzicker (2015), Kap. 10.

Durch diese Gleichung ist die Beziehung zwischen der Kosmologie und den Elementarteilchen hergestellt und gezeigt, dass eine weitere Naturkonstante eliminierbar ist. Allerdings ist wegen der nur ungefähren numerischen Übereinstimmung dazu noch die Berechnung einer weiteren Zahl nötig. Gelingt dies – wahrscheinlich erst nach einem tieferen Verständnis des Protons und seines „Radius" – dann wären von den anfangs neun betrachteten Konstanten G, h, c, M_u, M_p, R_u, r_p, 137..., 1836... nur mehr sieben unabhängig.

Es ist sinnvoll, dieses neue Bild von der Evolution des Kosmos, das die Ideen von Mach, Einstein, Dicke und Dirac fortführt, zusammenzufassen. Auch die herkömmliche Vorstellung des Urknalls wird dadurch erheblich modifiziert: Es gibt keine materielle Expansion des Kosmos. Dieser Eindruck entsteht lediglich dadurch, dass Atome schrumpfen und dabei ihre Wellenlängen λ reduzieren. Das Universum ist damit keineswegs statisch, denn durch die Ausbreitung des Lichts verändern sich die Maßstäbe kontinuierlich. Nun kann man gedanklich zurückgehen zu dem Zeitpunkt, an dem die Ausbreitung des Lichts begonnen hat. Diesen Moment in der fernen Vergangenheit bezeichnen wir passenderweise als Urblitz, um hervorzuheben, dass sich seither nur Licht, aber nicht Materie ausgebreitet hat.

DAS VERÄNDERLICHE UNIVERSUM

Für den in mathematischer Notation ungeübten Leser ist es am einfachsten, die Veränderung der Maßstäbe anhand des Beispiels in der rechten Spalte der obigen Tabelle nachzuvollziehen. Man stelle sich vor, der sichtbare Horizont des Universums kurz nach jenem ‚Urblitz' wäre gerade so groß wie ein Elementarteilchen (Radius des Protons r_p). Alle physikalischen Größen wie Längen, Zeiten etc. werden auf diesen Moment bezogen, es sei dort also t=1, f=1, R=1 usw. Als Beispiel betrachten wir dann die Situation nach dem (absoluten) 10.000. Zeitschritt. Da sich der

5 Der Kosmos ohne Expansion: die Atome werden kleiner

Horizont nur mit der Wurzel von t entwickelt, ist dieser lediglich auf das 100-fache des Anfangswerts angewachsen, während gleichzeitig die Lichtgeschwindigkeit auf 1/100 ihres Anfangswerts abgesunken ist. Dieser Faktor 1/100 muss sich nach der Gleichung c=λ f gleichmäßig auf Wellenlängen und Frequenzen verteilen, die jeweils auf ein 1/10 ihres ursprünglichen Werts gefallen sind. Daraus folgt aber, dass mit diesen 10-fach verkürzten Längeneinheiten λ die 100-fache Ausdehnung des Universums von einem Beobachter als 1000-fach wahrgenommen wird. Ebenso führt die Abnahme der Frequenzen zu einer 10-fachen Verlängerung der Zeitskalen, die den 10.000. Zeitschritt nur als 1000. erscheinen lässt. Für einen Beobachter, der von der Veränderlichkeit der Lichtgeschwindigkeit nichts weiß, sieht es also so aus, als hätte sich der Kosmos in 1000 Zeitschritten 1000-fach, also gleichmäßig, ausgedehnt!

Es ist leicht zu sehen, dass das Volumen einer dreidimensionalen Kugel, in der sich Licht ausbreitet, in dieser Zeit millionenfach, also auf den Faktor 10^6 zugenommen hat. Geht man davon aus, die Dichte, also die Anzahl der Teilchen pro (absolutem) Volumen im Universum sei immer gleich – ebenso eine visionär einfache Annahme, die dem Dickeschen Modell zugrunde liegt – so sind nach dem 10.000. Zeitschritt ebenfalls eine Million Teilchen sichtbar. Diese Teilchenzahl 10^6 erscheint jedoch als Quadrat des sichtbaren Zeitschritts 1000, wenn man die veränderlichen Maßstäbe berücksichtigt. Das beschriebene Beispiel lässt sich nun sehr leicht erweitern, indem man den Zeitschritt 10^{52} statt 10.000 (52 Nullen statt 4) betrachtet, siehe zweite Spalte von rechts. Nun wird offensichtlich: dieses Modell gibt Diracs Beobachtung wieder. Die Tatsache, dass die Teilchenanzahl gerade zum Quadrat der Längenverhältnisse im Universum proportional ist, folgt also zwingend aus den veränderlichen Maßstäben. Letztlich kann man also Diracs zweite Koinzidenz schon aus Einsteins Idee der variablen Lichtgeschwindigkeit aus dem Jahr 1911 folgern, wenn man einige Schritte konsequent weiterdenkt.

HISTORISCHE ISOLATION

Es ist schade, dass die Väter dieser wissenschaftlichen Revolution sich über ihre besten Ideen nie austauschen konnten. Vielleicht hätten sie selbst die Gemeinsamkeiten erkannt und diesen Überlegungen würde das Gewicht beigemessen, welches ihnen gebührt. Dirac wusste nichts von Einsteins Versuchen und umgekehrt, ebenso wenig kannte Dicke jene Theorie von 1911. Anstatt seine Kräfte mit Dirac zu bündeln, verhaken sich die beiden Visionäre in eine kleinliche Diskussion,[25] weil Dicke die Verbindung seiner eigenen Theorie zu Diracs zweiter Hypothese nicht erkannt hatte.

Und es ist natürlich ebenso bemerkenswert, wie wenig Bedeutung diesen Gedanken in der aktuellen kosmologischen Forschung geschenkt wird. Dies liegt einerseits an einer gewissen historischen Ignoranz, mit der alte Veröffentlichungen als vermeintlich überholt angesehen werden, andererseits an dem falschen Paradigma, das sich in Jahrzehnten der Forschungstradition verfestigt hat. Man stellt heute nicht mehr grundlegende Fragen, wie dies Einstein und Dirac getan hatten, sondern gibt sich mit willkürlichen neuen Parametern zufrieden. In einer von Rationalität geprägten Naturbeschreibung kann dagegen das Ziel nur sein, unerklärte Zahlen zu verstehen, und die oben hergeleitete Beziehung

$$\frac{M_u}{m_p} \approx \frac{R_u^2}{r_p^2}$$

stellt insofern einen wesentlichen Fortschritt dar, mit dem die Anzahl der unabhängigen freien Parameter der Natur weiter reduziert werden kann.

5 Der Kosmos ohne Expansion: die Atome werden kleiner

Im Sinne einer methodischen Betrachtung der Physik ist die Berechnung der Gravitationskonstante und die Herleitung der zweiten Diracschen Vermutung das wichtigste Resultat der Kosmologie der variablen Lichtgeschwindigkeit, die auf Einstein und Dicke basiert. Sie hat aber durchaus weitere Konsequenzen.

ERHELLENDES ZUR DUNKLEN ENERGIE

In konventioneller Sichtweise wird die vermeintliche Ausdehnung des Universums durch die Wirkung der Gravitation abgebremst, also war eine Verlangsamung dieser Expansion erwartet worden. Dass diese Verlangsamung gerade *nicht* beobachtet wurde, führte in der Folge zu der Idee von Dunkler Energie, welche die vermeintliche Abbremsung mit einer ad hoc postulierten beschleunigten Expansion kompensieren soll. Anstatt eine gebremste Expansion anzunehmen und zusätzlich eine geheimnisvolle Beschleunigung,[26] welche diese gerade neutralisiert (was zusätzlich eine bizarre Feinjustierung erfordert), ergibt sich hier natürlich ein viel einfacheres Bild: Da die Expansion selbst nur eine Illusion ist, gibt es auch keinen Grund, warum sie beschleunigt oder gebremst sein sollte. Die hier dargestellte Kosmologie eliminiert daher auch den freien Parameter der Dunklen Energie,[27] ebenfalls einen unerklärten Zahlenwert, den wir aufgrund seiner methodischen Fragwürdigkeit gar nicht in den Rang einer Naturkonstante erhoben hatten.

Die Vertreter des Standardmodells der Kosmologie, welches sich in den letzten Jahrzehnten stetig verkomplizierte und inzwischen 17 Parameter aufweist,[1] mag dies vorerst wenig beirren. Aber auch noch so viele vermeintliche Bestätigungen jenes Modells können über die methodische Dauerschleife nicht

---

[1] So der angesehene Kosmologe Mike Disney, der demgegenüber nur 13 unabhängige Messungen sieht. Sein Kommentar dazu: „Diese Situation ist alles andere als gesund" (arXiv.org/abs/astro-ph/0009020).

hinwegtäuschen, in der der Forschungsbetrieb steckt. Es ist offensichtlich, dass die herkömmliche Kosmologie zahlreiche Widersprüche durch immer neue willkürliche Zahlen beschreibt, aber schon den Beginn der quantitativen Beobachtungen, nämlich Hubbles Rotverschiebung, nicht verstanden hat. Naturphilosophisch betrachtet, war schon dieses Postulat einer nicht weiter erklärten Expansion der erste Schritt vom Wege, und erst Robert Dickes Konzept öffnete die Türen zu einem echten Verständnis.

Anders als von Dirac 1937 geäußert, handelt es sich aber nicht nur um eine interessante Spekulation, sondern um eine Konsequenz eines ausgearbeiteten mathematischen Modells, das nicht nur die Kosmologie mit einer Erklärung der Rotverschiebung vereinfacht, sondern dessen Gültigkeit auch die Allgemeine Relativitätstheorie umfasst, die als eines der beiden Fundamente der Physik gilt. Wie bei allen wirklichen Fortschritten der Physik erkennt man hier die drei Elemente Vision-Mathematisierung-Vereinfachung, auch wenn die Ursprünge in das 19. Jahrhundert zu Ernst Mach zurückreichen und die Ergebnisse bis heute noch nicht wissenschaftliches Allgemeingut geworden sind.

6 Revolutionen, die noch nicht stattgefunden haben

Die letzten beiden Kapitel standen für zwei radikale Vereinfachungen: die Erklärung der Gravitationskonstante aus den Weltalldaten und die Bestätigung einer der beiden Diracschen Hypothesen durch das Modell der variablen Lichtgeschwindigkeit. Entsprechend wurden zwei wichtige Konstanten eliminiert.

Der Schlüssel zu diesen beiden Erkenntnissen liegt in den numerischen Koinzidenzen zur Gravitationskonstante $c^2 R_u \approx G M_u$ und in dem von Dirac beobachteten Zusammenhang zwischen der Teilchenzahl im Universum und dessen Größe: $\frac{M_u}{m_p} \approx \frac{R_u^2}{r_p^2}$. Man darf also vermuten, dass solche numerischen Zusammenhänge weiterhin eine wegweisende Rolle spielen.

Diracs zweite Hypothese wurde durch das im vorigen Kapitel vorgestellte Modell mathematisch gerechtfertigt, aber was ist mit der ersten Vermutung, die das Verhältnis der elektrischen zur Gravitationskraft in Beziehung zur Größe des Universums setzte? Sie scheint völlig im Dunkel zu liegen, und man könnte annehmen, dieses Problem sei ohne eine vereinigte Theorie von Elektrodynamik und Gravitation nicht zu lösen – jener heilige Gral der Physik, an dem schon Generationen von Forschern gescheitert sind.

Überraschenderweise zeigt sich jedoch, dass sich Diracs erste Vermutung $F_e/F_g \approx R_u/r_p$ auch auf ganz andere Weise formulieren lässt, die nicht nur wesentlich einfacher und anschaulicher ist, sondern auch eine theoretische Begründung nicht völlig hoffnungslos erscheinen lässt.

Teil II: Das Ende von Raum und Zeit

EINE WICHTIGE – VERMUTUNG

Es ist eigentlich lange bekannt,[28] dass die Plancksche Konstante h ungefähr mit dem Produkt aus Lichtgeschwindigkeit, Masse und Radius des Protons übereinstimmt:

$$h \approx c\, m_p\, r_p.$$

Darin erkennt man die Ähnlichkeit mit der Compton-Wellenlänge $\lambda_C = \frac{h}{cm_p}$, die man in der Quantenmechanik definiert. Entscheidend ist aber, dass die allein aus der Masse berechnete Größe λ_C nach herkömmlicher Anschauung überhaupt nicht die tatsächliche Größe eines Teilchens widerspiegelt. Vielmehr würden die meisten Physiker argumentieren,[29] die Massen und entsprechend die Compton-Wellenlängen von Elementarteilchen hätten nichts mit der Größe zu tun, und so wird auch dem Proton unter den Elementarteilchen keine hervorgehobene Rolle zugebilligt. Tatsächlich handelt es sich aber um das einzig stabile schwere Teilchen im Universum, und die Tatsache, dass seine Compton-Wellenlänge mit seiner messbaren Ausdehnung näherungsweise übereinstimmt, ist ein Indiz für seine herausragende Rolle. Einstein war ebenfalls überzeugt davon, die Größe von Elementarteilchen habe eine Bedeutung:[30]

> *„Die wirklichen Gesetze sind also viel einschränkender, als die uns bekannten. Zum Beispiel würde es nicht gegen die bisher bekannten Gesetze verstoßen, wenn wir Elektronen von beliebiger Größe (...) vorfänden. Die Natur aber realisiert nur Elektronen von ganz bestimmter Größe (...)."*

In jüngster Zeit stellte sich der Ladungsradius des Protons etwas kleiner als angenommen heraus,[31] nämlich $r_p = 0{,}841 \cdot 10^{-15}$ m. Dabei fällt auf, dass die ungefähre Übereinstimmung in der obigen Formel sich durch einen einfachen Faktor wesentlich

6 Revolutionen, die noch nicht stattgefunden haben

verbessert:[I] $h=\pi/2\ c\ m_p\ r_p$. Sie gilt damit sogar innerhalb der heutigen Messgenauigkeit von etwa einem Prozent!

Da in dieser Formel sämtlich wichtige Naturkonstanten vorkommen, wäre es natürlich hochinteressant, sie aus einer Theorie herzuleiten. Obwohl ich nichts lieber täte, als Ihnen diese zu präsentieren, existiert sie wohl noch nicht, und ihre Entwicklung wird sicherlich kein Kinderspiel sein. Für die Zwecke unserer noch allgemeineren Diskussion, welche Fortschritte die Physik in dem derzeitigen System von Naturkonstanten überhaupt machen kann, will ich im Folgenden davon ausgehen, dass die Entwicklung einer solchen Theorie möglich sein wird. Prinzipielle Gründe sprechen jedenfalls nicht dagegen.

Im Übrigen gibt es einen einfachen Grund dafür, dass es ohne Diracs erste Vermutung überhaupt keinen weiteren Fortschritt im Verständnis der Elementarteilchen geben kann. Denn die Berechnung ihrer Massen ist im derzeitigen Paradigma prinzipiell unmöglich. Die Naturkonstanten h, c, e, ε_0 usw. lassen sich nämlich nicht so kombinieren, dass dabei die Einheit einer Masse, kg, herauskommt.[II] Eine solche Berechnung wäre nur möglich, wenn man die Gravitationskonstante G mit einbezieht. Dabei treten aber automatisch die von Dirac beobachteten großen Zahlen auf – eine Konsequenz dessen, dass der Begriff der Masse nur kosmologisch zu verstehen ist, wie Ernst Mach schon vermutete. Dieses einfache Argument ist dennoch weitgehend unbekannt.

[I] Obwohl ich die jeweiligen Ansätze nicht für zielführend halte, wurde dies schon von mehreren Autoren diskutiert, etwa Nassim Haramein (resonance.is/wp-content/uploads/QGHM.pdf) oder als „Masse-Radius Konstanz" von Dirk Freyling (www.ek-theory.com/).
[II] Ein formaler Beweis findet sich in Abschnitt 4 von A. Unzicker, www.arxiv.org/abs/9612061.

DIRAC ÜBERALL

Stellen wir aber zunächst die Verbindung zu der kühnen Vermutung von Paul Dirac aus dem Jahr 1937 her. Das Verhältnis aus elektrischer Kraft und Gravitationskraft im Wasserstoff Atom ergibt sich zu:

$$\frac{F_e}{F_g} = \frac{e^2}{4\pi\varepsilon_0 G m_p m_e}.$$

Zunächst können wir die in Kapitel 4 entwickelte Formel für die Gravitationskonstante $G = \frac{c^2 R_u}{6 M_u}$ einsetzen und erhalten:

$$\frac{F_e}{F_g} = \frac{6 M_u \, e^2}{4\pi\varepsilon_0 c^2 R_u m_p m_e}$$

Setzt man die Definition der bereits erwähnten Feinstrukturkonstante $\alpha = \frac{e^2}{2hc\varepsilon_0} \approx \frac{1}{137}$ ein, und ebenso das Massenverhältnis zwischen Proton und Elektron $m_p/m_e = 1836{,}15\ldots$, so erhält man endlich

$$\frac{F_e}{F_g} = \frac{6 \cdot 1836 \, M_u h c}{2 \cdot 137 \, \pi c^2 R_u m_p^2}.$$

Vergleicht man diese noch etwas kompliziertere Formel mit $h = \pi/2 \, c \, m_p \, r_p$ und setzt diese ein, so ergibt sich überraschenderweise

$$\frac{F_e}{F_g} = \frac{6 \cdot 1836 \, M_u c^2 \pi m_p r_p}{137 \cdot 4\pi c^2 R_u m_p^2},$$

oder nach kürzen

$$\frac{F_e}{F_g} = \frac{3 \cdot 1836 \, M_u \, r_p}{2 \cdot 137 \, R_u m_p},$$

was bis auf Zahlen nur die Größen enthält, die schon in der zweiten Vermutung von Dirac verbunden worden waren. Setzt man diese $\frac{M_u}{m_p} = \frac{R_u^2}{r_p^2}$ ein und lässt die reinen Zahlen weg, so wird sofort klar, dass die erste von Dirac formulierte Vermutung

$$\frac{F_e}{F_g} \approx \frac{R_u}{r_p} = \tau \quad (\text{„Epoche"})$$

in der Größenordnung zutrifft.[32] $h = \pi/2\ c\ m_p\ r_p$ ist also im Wesentlichen äquivalent zu dieser ersten Hypothese Diracs. Das obige Einsetzen von $1/\alpha = 137$ bedeutet natürlich, dass die Verbindung von $h = \pi/2\ c\ m_p\ r_p$ zum Elektro-gravitativen Kraftverhältnis erst dann komplett hergestellt sein wird, wenn diese Zahl berechnet worden ist. Dieses Unterfangen wird ebenfalls alles andere als einfach sein, weil es bisher ebenfalls den Versuchen von Generationen von theoretischen Physikern widerstanden hat. Das gleiche gibt es über die Zahl 1836 zu sagen, das Massenverhältnis von Proton zu Elektron.

Paul Adrien Maurice Dirac (1902–1984)

Auch hier grübelten seit Paul Dirac Legionen von Physikern über den Ursprung dieser Zahl, mit dem gleichen ausbleibenden Erfolg. Da es sich jedoch wie bei 137 um eine reine Zahl handelt, spricht wieder nichts Prinzipielles dagegen, wenn man ihre theoretische Berechnung für möglich erachtet.

Es sprechen noch weitere Gründe dafür, Diracs erste Hypothese in der Form $h = \pi/2\, c\, m_p\, r_p$ zu formulieren. Die Ähnlichkeit mit der Formel $\hbar = v\, m_e\, r_B$ springt ins Auge, mit der Nils Bohr 1913 h als Drehimpuls eines Elektrons betrachtete und damit eine Revolution in der Atomphysik auslöste. Da die Geschwindigkeit hier c ist, liegt es nahe, h als Drehimpuls einer kreisenden Lichtwelle aufzufassen, und darüber zu spekulieren, ob diese ein Proton darstellen könnte. Ein konsistentes akzeptiertes Modell ist daraus aber noch nicht hervorgegangen.[33] Die Schwierigkeiten sind nicht zuletzt deswegen enorm, weil gleichzeitig die Ladungseigenschaft des Protons erklärt werden müsste. Gelänge dies, würde es sich um nichts weniger handeln als eine Vereinigung von Quanten- und Relativitätstheorie, deren Konstanten h und c in der Formel vorkommen.

Der französische Physiker Louis Victor de Broglie hatte 1922 in seiner Doktorarbeit in dieser Richtung einen interessanten Versuch unternommen, indem er (zwar nicht speziell für ein Proton) zwei von Einsteins großen Erkenntnissen, nämlich $E = hf$ und $E = mc^2$ zu der Gleichung

$$hf = mc^2$$

zusammenfasste und argumentierte, man müsse diese beiden Energieterme gleichsetzen, sobald man über eine Vereinigung von Wellen- und Teilchenbild nachdenkt.[34] Multipliziert man $h = \pi/2\, c\, m_p\, r_p$ mit f und setzt man für die Bahn einer kreisenden Lichtwelle $2\pi\, r_p$ an, so erhält man originellerweise

$$hf = \tfrac{1}{4}\, m_p\, c^2,$$

6 Revolutionen, die noch nicht stattgefunden haben

was sich von de Broglies Formel nur um einen Faktor unterscheidet. Der gleiche Ausdruck ¼ c^2 taucht wiederum als Gravitationspotential auf, wenn man die Allgemeine Relativitätstheorie wie im Kap. 4 mittels variabler Lichtgeschwindigkeit formuliert. Eine Interpretation scheint sicherlich nicht einfach. Es ist aber doch bemerkenswert, auf welch ähnlichem Terrain sich Bohr, de Broglie und Dirac auf der Suche nach vereinigenden Theorien bewegt haben.

NATURKONSTANTE ALTER DES UNIVERSUMS

Eine weitere Koinzidenz sei hier noch erwähnt, obwohl sie nichts prinzipiell Neues enthält, vielleicht aber einen anregenden Gedanken. Bekanntlich hat das Plancksche Wirkungsquantum h die Dimension eines Drehimpulses, $kg\ m^2/s$, und es liegt nahe, diesen kleinstmöglichen Drehimpuls mit dem größtmöglichen Drehimpuls im Universum zu vergleichen.

Da das Universum am sichtbaren Horizont maximal mit der Geschwindigkeit c rotieren kann, könnte man den so denkbaren Drehimpuls mit $L = c\ M_u\ R_u \approx 10^{117}\ \hbar$ abschätzen, eine riesige Zahl, in der aus offensichtlichen Gründen die Epoche in der dritten Potenz vorkommt. Diese Gleichung enthält aber die obige Beziehung $h = \pi/2\ c\ m_p\ r_p$ und die schon bewiesene zweite Vermutung von Dirac, $\frac{M_u}{m_p} \approx \frac{R_u^2}{r_p^2}$, ja kann sogar als direkte Folgerung daraus angesehen werden.

Im Hinblick auf das im Kapitel 4 besprochene Gedankenexperiment vom Newtonschen Eimer ist jedoch Ernst Machs Gedanke interessant, dass eine Rotation des Universums wohl prinzipiell nicht beobachtbar wäre, bzw. dass wir als unbeschleunigtes Ruhesystem gerade jenes definieren, in dem das Universum nicht rotiert. Durch die Ausdehnung des Universums und die maximale Geschwindigkeit c sind jedoch einer solchen Rotation ohnehin Grenzen gesetzt, nämlich die Rotationsrate $2\pi\ R_u/c$. Eine solche Rotation mit c an den Rändern mit dem minimalen Drehimpuls $\hbar = h/2\pi$ in Verbindung zu bringen, könnte einen Ansatz zur Erklärung der rätselhaften Konstante h bieten, insbesondere zum Zeitpunkt des „Urblitzes" t=1.

Denkt man an eine Rotation des Universums mit der Geschwindigkeit c, so ist es interessant, die Zentripetalbeschleunigung $a_z = c^2/R_u$ zu betrachten. In den letzten Jahrzehnten gab es viele überraschende Beobachtungen, die als „Dunkle Materie" interpretiert wurden. Praktisch allen diesen Beobachtungen ist gemeinsam,[35] dass sie in einem Bereich sehr kleiner Beschleunigungen um und unterhalb c^2/R_u auftreten.[I] Die Tatsache, dass Dunkle Materie mit einer Reihe von freien Parametern beschrieben wird, deutet darauf hin, dass es sich um Anomalien handelt, die durch das noch unzureichende Verständnis des Gravitationsgesetzes auftreten. Insbesondere die Größe der Beschleunigung c^2/R_u legt einen solchen kosmologischen Bezug nahe.[II]

WARUM DIE PLANCK-EINHEITEN NICHT WEITERFÜHREN

Über weitere Erscheinungsformen der Diracschen Vermutungen wurde teilweise viel publiziert, obwohl sie gegenüber dem bisher Gesagten nichts Neues darstellen. Aus den drei Konstanten G, h, c lassen sich durch die Umformung $l_{pl} = \sqrt{\frac{Gh}{c^3}}$, $t_{pl} = \sqrt{\frac{Gh}{c^5}}$, $m_{pl} = \sqrt{\frac{hc}{G}}$ Größen mit den Einheiten m, s und kg erzeugen, die

---

[I] Dies gilt insbesondere an Galaxienrändern, aber auch z.B. in Kugelsternhaufen. Eine sehr umfassende Diskussion der Phänomene findet sich in dem Buch *The Dark Matter Problem* von Robert Sanders (2010).

[II] Der britische Physiker Mike McCulloch betrachtet in seiner Theorie der *Quantized Inertia* ebenfalls den Zusammenhang zwischen Massen und Beschleunigung. Dort tritt auch die kleine Beschleunigung c/t_u auf, ebenso wie in der alternativen Gravitationstheorie MOND.

6 Revolutionen, die noch nicht stattgefunden haben

nach Max Planck als Plancklänge, Planckzeit und Planckmasse benannt sind. Durch den fehlenden Bezug zur noch nicht existenten Kosmologie sind diese 1910 publizierten Größen nicht wirklich hilfreich. Anders als die experimentell gut zugänglichen Größen m_p und r_p sind l_{pl} und r_{pl} auch fern jeder Beobachtungsmöglichkeit. Setzt man die oben gefundenen Beziehungen in die Definition der Planckgrößen ein, so zeigt sich, dass sie sich jeweils um einen Faktor 10^{20}, also die Wurzel der Epoche, von r_p und m_p unterscheiden. Obwohl die Planck-Einheiten gelegentlich als „fundamental" bezeichnet werden, übersehen die meisten diesen Bezug zu Dirac, der das einzig Interessante daran darstellt.

Die Diracschen Vermutungen werden bis heute in den verschiedensten Formen publiziert, häufig ohne dass man sich dessen bewusst ist. Carl Friedrich von Weizsäcker, ein Schüler Heisenbergs, hatte etwa die ungefähre Übereinstimmung

$$m_p^3 \approx \frac{h^2}{G\,R_u}$$

bemerkt, welche jüngst von dem Wiener Ingenieur Helmut Söllinger mit

$$\sqrt{m_p m_e} = \sqrt[3]{\frac{e^2 h}{4\pi\varepsilon_0 c G R_u}}$$

quantitativ stark verbessert wurde. Dies sind zwar interessante Variationen,[1] wirklichen Fortschritt wird es jedoch erst durch eine Begründung Koinzidenz $h = \pi/2\,c\,m_p\,r_p$ geben. Auf das große Potenzial der Diracschen Vermutungen deutet aber eine weitere, wenn auch ungefähre Übereinstimmung hin, die von George Gamow[36] geäußert wurde.

---

[1] Die Ausdrücke lassen sich durch Einsetzen von $h = \pi/2\,c\,m_p\,r_p$ sowie der Formeln für G und 137... auf die Diracschen Vermutungen zurückführen.

Da auch die Zahl 137 zu groß ist, als dass man sie zum Beispiel durch kleine natürliche Zahlen oder Potenzen von π erzeugen könnte, scheint hier wieder die Hoffnung auf einen theoretischen Durchbruch gering. Aus der Mathematik ist bekannt, dass die Logarithmusfunktion sehr große Zahlen in „handliche" kleine transformiert, und so liegt es nicht allzu fern, einen Zusammenhang des Logarithmus der Epoche τ, also etwa $\ln 10^{40} \approx 92$, mit der Feinstrukturkonstante $\frac{1}{137}$ zu vermuten, z.B. $\frac{3}{2\alpha} = \ln \tau$.

In der Analysis tritt der Logarithmus gelegentlich als Resultat eines Integrals der Funktion 1/r auf, welche in einem kosmologischen Modell – man betrachte die im Kapitel 4 entwickelte Formel zur Gravitationskonstante G – jedoch durchaus vorkommen könnte. Dieser spekulative Gedanke benötigt natürlich noch eine gründliche theoretische Rechtfertigung. Noch hypothetischer wäre die Vermutung, die Zahl 1836 ließe sich eines Tages so erklären, wofür es derzeit noch keinen Ansatz gibt. Da sich die Größenordnung jedoch nicht so sehr von 137 unterscheidet, kann man hoffen, dass ein Durchbruch bei der Feinstrukturkonstante auch das Massenverhältnis von Proton zu Elektron erhellen könnte.

Ich habe hier aus allgemeiner Perspektive heraus die Frage aufgeworfen, inwieweit die Zahl der Naturkonstanten noch reduziert werden kann. Sicherlich ist das im Einzelfall sehr schwierig. Aber die genannten Probleme sind nicht aus elementaren logischen Erwägungen heraus unlösbar. Wenn wir die Möglichkeit einer Lösung, zum Beispiel die Berechnung der Feinstrukturkonstante, unterstellen, ist dies also einerseits optimistisch, andererseits aber konsequent, wenn wir gottgegebene Naturkonstanten nicht akzeptieren, sondern als Ansporn zu einem Verständnis der wahren Zusammenhänge betrachten.

6 Revolutionen, die noch nicht stattgefunden haben

SPÜRT EIN NEUTRON DAS ALTER DES UNIVERSUMS?

Eine letzte Koinzidenz, die mit dem bisher vernachlässigten Neutron zusammenhängt, wurde 1952 von Pascal Jordan formuliert, auf welchen sogar zwei nobelpreiswürdige Entdeckungen[I] zurückgehen. Naturphilosophisch betrachtet, ist die Halbwertszeit des Neutrons t_n, eine wichtige Größe, die einer Erklärung harrt. Betrachtet man das Schema der veränderlichen Maßstäbe im Kapitel 5 genauer, fällt auf, dass diese Zeit von ca. 10 Minuten in der gleichen Größenordnung liegt wie die Wurzel des absoluten Zeitschritts, also etwa 10^{26} Elementarzeiten. Dass sich der Zerfall des Neutrons im Schema der variablen Lichtgeschwindigkeit ableiten lässt, ist damit sicherlich noch nicht gezeigt. Aber man wird das Phänomen der Radioaktivität erst dann gründlich verstanden haben, wenn sich diese Zeit t_n aus einer grundlegenden Theorie heraus berechnen lässt. Erst dann kann man sich wohl Hoffnung machen, den geringen Massenunterschied zwischen Proton und Neutron zu berechnen und dabei auch zu verstehen, warum bei der Umwandlung des Neutrons in ein Proton[II] etwas Masse verloren zu gehen scheint.

[I] Eine entscheidende Arbeit, die Jordan seinem Mentor Max Born zum Lesen gegeben hatte, vergaß dieser mehrere Monate lang in seinem Koffer. Dadurch ging die Priorität der Veröffentlichung zur sogenannten Fermi-Dirac-Statistik verloren. Ebenso signifikant waren Jordans Beiträge zur Interpretation der Wellenfunktion, die oft Max Born allein zugeschrieben wird.

[II] Bei diesem sogenanntem Beta-Zerfall wandelt sich nach konventioneller Vorstellung ein Neutron in ein Proton, ein Elektron und ein (Anti-) Neutrino um. Auf die Rätsel des Betazerfalls und die Jahrzehnte andauernden Ungereimtheiten der Neutrinophysik kann ich hier nicht näher eingehen; fest steht aber, dass das Modell sich zu einer unglaubwürdigen Komplizierung entwickelt hat. Ich gehe, ähnlich wie von Niels Bohr 1930 auf einer Konferenz vorgeschlagen, davon aus, dass eine grundlegende Falschannahme zu den Paradoxien des gesamten Neutrinomodells geführt hat.

Die oben begründete Gültigkeit der zweiten Diracschen Vermutung $\frac{M_u}{m_p} \approx \frac{R_u^2}{r_p^2}$ gibt jedoch Anlass, nach einem Zusammenhang zwischen den Eigenschaften des Universums und jener der Elementarteilchen zu suchen. Die Gleichung zeigt, dass die Ausdehnung und Masse des Protons eben schon von Bedeutung ist. In dem dort entwickelten Bild der veränderlichen Maßstäbe war das Universum zum Zeitpunkt t=1 genauso groß wie ein Elementarteilchen, während es gleichzeitig mit diesen dicht gepackt war. Licht breitete sich damals mit einem Vielfachen der heutigen Geschwindigkeit aus, aber gleichzeitig schrumpften die Abmessungen der Atomkerne, sodass sie einen immer kleineren Anteil an dem Volumen des Universums einnahmen, der heute auf den winzigen Wert 10^{-40} gesunken ist. Versetzt man sich aber in den ersten Moment t=1 zurück, ergeben sich einige interessante Konsequenzen. Sollte das Massenverhältnis m_p/m_e=1836 tatsächlich logarithmisch vom Alter des Universums abhängen, so muss man davon ausgehen, dass zum Zeitpunkt dieses „Urblitzes" Elektron und Proton gleich schwer waren.

EINFACHEIT BEIM URBLITZ

Das Wasserstoffatom wäre dann ähnlich einem Objekt, das man heute als Positronium bezeichnet, ein System aus Elektron und seinem gleich schweren Antiteilchen Positron, die sich gegenseitig umkreisen. Weiter ist interessant, dass bei einer analogen logarithmischen Abhängigkeit der Zahl 137 vom Alter des Universums diese ebenfalls zu Beginn die Größenordnung von 1 gehabt haben müsste. Das bedeutet, dass die Umlaufgeschwindigkeit des Elektrons im Wasserstoffatom gleich der Lichtgeschwindigkeit wäre. Dies wiederum legt nahe, das Wasserstoffatom bzw. das sich umkreisende Elektron-Positron-Paar[1] einfach

---

[1] Paarerzeugung, bei der aus Licht solche Teilchen und Antiteilchen entstehen,

6 Revolutionen, die noch nicht stattgefunden haben

als kreisende Lichtwelle aufzufassen. Sogar in konventioneller Sicht enthalten die das Licht definierenden elektromagnetischen Felder virtuelle Elektron-Positron-Paare. Weiter ist zu beachten, dass die Feinstrukturkonstante 1/137 gerade das Verhältnis der Elektronengeschwindigkeit auf der innersten Bahn des Wasserstoffatoms zur Lichtgeschwindigkeit c darstellt. Diese Geschwindigkeit $v = \frac{Ze^2}{2h\varepsilon_0}$ ist proportional zur Kernladungszahl Z, so dass 137 heute eine obere Schranke für die maximal in einem Atomkern enthaltenen Protonen darstellt. Andernfalls würde die Elektronengeschwindigkeit c überschreiten.[1] Wenn 137 also zu diesem frühen Zeitpunkt den Wert 1 hatte, konnten gar keine anderen Atomkerne als Wasserstoff existieren, abgesehen davon, dass die astrophysikalischen Bedingungen zu ihrer Bildung erst viel später eintraten. Denkt man weiter an die Halbwertszeit des Neutrons, so müsste diese unmerklich klein werden, was den Schluss nahelegt, dass das Neutron überhaupt nicht mehr stabil existieren könnte, mithin wieder dem Wasserstoffatom äquivalent wäre.

Denkt man also das System der veränderlichen Maßstäbe aus Kapitel 5 konsequent zurück bis zum „Urblitz", ergäbe sich also das schöne Bild, in dem man das Neutron, das Wasserstoffatom, ein Elektron-Positron-Paar und eine kreisende Lichtwelle als ein und dasselbe Objekt auffassen kann. Gleichzeitig würde die Ausdehnung des Universums erst die Möglichkeit für schwerere Atomkerne und damit alle weiteren Evolutionsprozesse im Kosmos schaffen.

Dieses Szenario ist sicherlich spekulativ, und die angedeuteten Zusammenhänge können kaum mehr als ein Hinweis auf ein spannendes Forschungsthema sein. Nachdem sich manche

---

sowie der umgekehrte Prozess der Paarvernichtung sind im Übrigen Phänomene, deren Existenz die Physik bisher nicht wirklich erklärt.
[1] Dies gilt sogar bei einer relativistischen Massenzunahme des Elektrons.

"Naturkonstanten" als veränderlich herausgestellt haben, ist es jedoch nur natürlich, das Dogma der Unveränderlichkeit der Naturgesetze in Frage zu stellen. Auch dies hatte Dirac schon 1968 gefordert:

> *„Die Theoretiker sind eifrig dabei, verschiedene Modelle des Universums zu basteln mit Annahmen, die ihnen gerade passen. Wahrscheinlich sind diese Modelle alle falsch. Man geht normalerweise davon aus, dass die Naturgesetze immer so gewesen sind wie heute, wofür es nicht die geringste Rechtfertigung gibt. Die Gesetze könnten sich ändern und insbesondere die Größen, die wir für Naturkonstanten halten, könnten sich mit der Zeit ändern. Solche Änderungen würden die Modellierer kalt erwischen."*

In jedem Fall bleibt es Aufgabe der theoretischen Physik, scheinbar willkürliche in der Natur auftauchende Größen zu erklären. Unbestreitbar handelt es sich um geheimnisvolle Mitteilungen der Natur. Es liegt sehr nahe, dass ihr Auftreten mit der Evolution des Kosmos in rechnerischem Zusammenhang steht.

7 Die Masse und das Rätsel der physikalischen Einheiten

Wenn wir nun die verbleibenden Naturkonstanten zählen, die von den eingangs erwähnten neun Konstanten G, h, c, M_u, R_u, m_p, r_p, 137 und 1836 übrig sind, ergibt sich folgendes Bild: die im Kapitel 4 entwickelte Formel für die Gravitationskonstante G und das im Kapitel 5 dargestellte Modell mit der Gleichung $\frac{M_u}{m_p} \approx \frac{R_u^2}{r_p^2}$ reduziert die Anzahl um zwei, sodass nur sieben unabhängige Konstanten übrig bleiben. Stellt sich die Koinzidenz $h = \pi/2 \; c \; m_p \; r_p$ als richtig heraus, verbleiben sechs Konstanten, wenn wir die beiden Zahlen 137 und 1836 als prinzipiell berechenbar ansehen, nur mehr vier.

Es stellt sich heraus, dass noch eine weitere Konstante eliminierbar ist, allerdings müssen wir dazu etwas ausholen und das System der physikalischen Einheiten betrachten. Grundlage der physikalischen Realität sind die Begriffe Raum, Zeit und Masse, mit ihren Einheiten Meter, Sekunde und Kilogramm. Diese sind untrennbar mit dem System der Naturkonstanten verwoben. Denn alle Längen, Zeiten und Massen können als Vielfaches der Planck-Einheiten dargestellt werden. Nachdem die Gravitationskonstante aus den Daten des Weltalls berechnet und damit überflüssig wurde, erhebt sich die Frage, ob nicht auch eine physikalische Einheit, naheliegenderweise das Kilogramm, verzichtbar ist.

EINHEITEN UND NATURKONSTANTEN

Dies würde voraussetzen, dass man die Natur der Masse noch gründlicher versteht. In Einsteins Äquivalenzprinzip erscheint die träge Masse als jene Größe, die sich der Beschleunigung widersetzt, ja schon im zweiten Newtonschen Gesetz, $F = m \cdot a$, ist die Masse proportional zu einer inversen Beschleunigung mit den Einheiten s²/m. Die inversen Beschleunigungen sind genau jene Größen, mit denen seit Kepler die relativen Massenverhältnisse von Himmelskörpern bestimmt wurden. Insofern wäre eine entsprechende Definition der Masse der nahtlose Einbau von Newtons zweitem Gesetz in die Physik.[I] Allerdings müsste ein komplettes Verständnis auch den Gedanken von Ernst Mach wiedergeben, dass die Ursache der Trägheit in der Existenz aller anderen Massen im Universum liegt. Mach hatte auch schon vorgeschlagen, die Masse durch eine inverse Beschleunigung zu definieren. So eine Theorie müsste die bestehende Einheit Kilogramm in s²/m umrechnen, und damit den Ursprung der Trägheit auch quantitativ klären.[II]

Obwohl so eine vollständige Theorie noch im Dunkeln liegt und erst nach Rechtfertigung der Formel $h = \pi/2\ c\ m_p\ r_p$ entwickelt werden kann, gibt es doch zwei Hinweise. Geht man von einer irgendwie gearteten Rotation des Protons aus (wie der Drehimpuls nahelegt), so muss darin eine Zentripetalbeschleunigung der Größenordnung c^2/r_p vorkommen, deren Inverses man mit der Protonenmasse m_p gleichsetzen könnte. Es würde dann gelten:

$$m_p\ c^2/r_p = 1 \text{ oder } 1\ kg = 5.8\ 10^{-5}\ s^2/m.$$

Neben dieser mikroskopischen Betrachtung müsste natürlich auch das Machsche Prinzip verwirklicht werden, das sich quantitativ in der in Kapitel 4 vorgestellten Formel $\frac{1}{c^2} = \frac{\kappa}{2\pi} \sum \frac{m_i}{r_i}$ ausdrückt. Dies bedeutet, dass die Konstante

---

[I] Zu beachten ist allerdings, dass F= m·a für stark beschleunigte Ladungen nicht gilt, da sie einen Teil der Beschleunigungsarbeit abstrahlen, s. Landau-Lifschitz II, Kap. 75.

[II] Der Gedanke, eine inverse Beschleunigung als die Einheit der Masse zu wählen, wurde in jüngerer Zeit auch von dem britischen Physiker Julian Barbour aufgegriffen, der sich intensiv mit dem Machschen Prinzip beschäftigt hat.

7 Die Masse und das Rätsel der physikalischen Einheiten

$\kappa \approx 10^{-37}$ einen reinen Zahlenwert annehmen müsste, der etwa dem Kehrwert der Epoche τ entspricht.[I]

Findet sich also eine Theorie, die zum Beispiel $m_p = \frac{2r_p}{c^2}$ rechtfertigt, kann man dies in die ebenfalls noch zu begründende Beziehung $h = \pi/2 \, c \, m_p \, r_p$ einsetzen und erhält

$$hc = \pi \, r_p^2.$$

Dies verbindet die Naturkonstanten h und c mit der letzten unerklärten Größe r_p, wobei man hc als die „Fläche des Protons" auffassen mag. Die Plancksche Konstante h hätte damit den Wert $3.7 \cdot 10^{-39}$ ms, trägt also als Einheit das Produkt von Raum und Zeit. Erweist sich dies als richtig, dann würden durch insgesamt vier reduzierende Gleichungen (die ebengenannte sowie die im Kapitel 4, 5 und 6 ausgeführten) die Anzahl der Naturkonstanten von sieben (G, h, c, M_u, R_u, m_p, r_p) auf drei (h, c und die Epoche $\tau = R_u/r_p$) verringert.[II]

BESTANDSAUFNAHME DER VEREINIGUNGEN

Mehr scheint im Moment auch theoretisch nicht möglich zu sein. Bevor wir die Gründe dafür betrachten, lohnt es sich, die bisherigen Ergebnisse zu rekapitulieren. In der Geschichte der Physik sind wir ungefähr um 1930, als die größte konzeptionelle Vereinfachung vorlag, von der vorherrschenden Meinung abgebogen und andere Wege gegangen. Welche Vereinigungen wurden damit erreicht und welche sind noch möglich? Es zeigte sich jedenfalls, dass Revolutionen nach dem Muster Vision-Mathematisierung-Eliminierung von Naturkonstanten abliefen.

[I] Dies ist nicht vollkommen befriedigend, da die Zeitabhängigkeit eigentlich schon in der Summe enthalten sein sollte. Setzt man jedoch umgekehrt $\kappa = 1$ für die Massendefinition, erhält man für das Proton Werte, die nichts mit seiner tatsächlichen Größe zu tun haben.

[II] Dabei wurde schon unterstellt, dass die reinen Zahlen 137... und 1836 ebenfalls theoretisch berechnet werden können.

Betrachten wir die Gebiete der Physik wie Kosmologie, Gravitation, Mechanik, Optik, Thermodynamik, Elektrodynamik Quantenmechanik und Kernphysik, so wurden durch Erklärungen von Naturkonstanten schon viele Querverbindungen geschaffen. Zuerst gelang Newton die Vereinigung der irdischen Mechanik mit der Gravitation des Sonnensystems. Viel später stellte Einstein 1905 von der Mechanik einen Bezug zu Optik her, indem er die Relevanz der Lichtgeschwindigkeit c für die Bewegungen erkannte. Die Allgemeine Relativitätstheorie kann man als eine Vereinigung von Gravitation und Optik ansehen, allerdings in ihrer natürlichen Form von 1911, die erst später durch Robert Dicke 1957 weiterentwickelt wurde. Dicke stellte mit den Ideen von Ernst Mach damit auch schon eine Brücke von der Gravitation zur Kosmologie her, die von Dirac schon 1938 erkannt worden war. Gleichzeitig verband Dirac die Kosmologie mit der Kern- bzw. Atomphysik, wenn auch diese Vereinigung noch nicht zu Ende formuliert ist.

Die Thermodynamik wurde schon früh mit den Erkenntnissen von Robert Mayer und James Prescott Joule mit der Mechanik vereinigt, was Ludwig Boltzmann 1906 vollendete. Max Planck verband schließlich in seinem Strahlungsgesetz Thermodynamik und Optik, was überhaupt einen ersten Hinweis auf die Existenz der Quantenmechanik darstellte. Die Optik kann schließlich seit Maxwell, Weber[1] und Hertz als mit der Elektrodynamik vereinigt angesehen werden.

DIE SCHEINEHEN DER PHYSIK

Keine wirkliche Vereinigung besteht jedoch zwischen Elektrodynamik und Quantenmechanik, auch wenn die sogenannte Quantenelektrodynamik als erfolgreiche Theorie gilt. Ihre

---

[1] Weber entwarf ebenfalls eine Theorie der Elektrodynamik, die sich von der Maxwellschen unterscheidet, s. Assis (1994).

7 Die Masse und das Rätsel der physikalischen Einheiten

Vorhersagen sind jedoch an zwar interessante, jedoch nicht wirklich fundamental wichtige Eigenschaften der Natur geknüpft,[1] wobei die Messgenauigkeit oft genauer behauptet wird als zu rechtfertigen ist.[37] Entscheidende innere Widersprüche der Theorie wurden nicht geklärt, was im Übrigen sogar Richard Feynman einräumt, der 1965 den Nobelpreis für diese Theorie erhielt.[38] Von einer Quantenelektrodynamik, die diesen Namen wirklich verdient, könnte man daher erst sprechen, wenn die Naturkonstanten der Elektrodynamik, nämlich die Elementarladung e und die elektrische Feldkonstante ε_0 mit der Konstante der Quantentheorie, h, verbunden wird, d. h. also die Gleichung

$$\frac{e^2}{2hc\varepsilon_0} \approx \frac{1}{137}$$

theoretisch begründet wird. Dabei müsste konzeptionell auch geklärt werden, wie die Quantelung von h mit der Quantelung der Elementarladung e zusammenhängt. Und natürlich verlangt dies eine konkrete Berechnung der Feinstrukturkonstante. Eine Herleitung der Zahl $m_p/m_e=1836$ könnte man schließlich als eine Vereinigung von Atom- und Kernphysik auffassen, welche wahrscheinlich erst nach der kompletten Ausformulierung von Paul Diracs Vision des Zusammenhangs der Kosmologie mit der Kernphysik möglich sein wird.

QUANTENGRAVITATION BEGINNT IM PROTON

Die gesamte Quantentheorie ist bis heute ein Fremdkörper der Physik geblieben. Dies ist sogar die konventionelle Sicht, wobei insbesondere ihre Unvereinbarkeit mit der allgemeinen Relativitätstheorie betont wird. Normalerweise werden dafür

---

[1] Gewöhnlich wird hier der Lamb Shift und das anomale magnetische Moment des Elektrons genannt, die sich mit Hilfe der Quantenelektrodynamik berechnen lassen. Es erhebt sich aber die Frage, warum eine wirklich fundamentale Theorie die viel wichtigere Zahl 137 nicht berechnen kann.

mathematische Formalismen als Gründe angeführt. Die Quantenmechanik „lebe" in einem „normalen" euklidischen Raum, die Allgemeine Relativitätstheorie in einer gekrümmten „Raumzeit".

Es ist offensichtlich, dass dies zu großen Schwierigkeiten in der mathematischen Formulierung einer möglichen Vereinigungstheorie führt. Da die scheinbare „Krümmung" eines Raumes mathematisch äquivalent zu einer variablen Lichtgeschwindigkeit ist, verspricht diese auf Einsteins Idee von 1911 aufbauende Formulierung schon aus diesem Grund mehr als eine „geometrische" Raumzeit. Auch das hat sich aber unter den heutigen Physikern noch wenig herumgesprochen.

Es ist hier nicht der Ort, einen Überblick über die gescheiterten Ideen zur „Quantengravitation" zu geben, ein Begriff, der seit Jahrzehnten die Physikzeitschriften füllt. Jede Theorie, die diesen Namen verdiente, müsste das Kräfteverhältnis im elementarsten Quantensystem, d. h. in einem Wasserstoffatom, berechnen, mit anderen Worten die Zahl

$$\frac{F_e}{F_g} = 2{,}3 \cdot 10^{39}.$$

Die einzige quantitative Idee in dieser Richtung stammt, wie erwähnt, von Paul Dirac, und im vorigen Kapitel wurde gezeigt, dass diese Zahl prinzipiell berechnet werden kann, wenn man von der Beziehung $h = \pi/2 \; c \; m_p \; r_p$ ausgeht. Diese herzuleiten, wäre also der einzig vernünftige Weg zu einer „Quantengravitation". Denn das Plancksche Wirkungsquantum $h = 6{,}626 \cdot 10^{-34}$ kg m²/s trägt die ganze Rätselhaftigkeit der Quantentheorie in sich. Eine mathematische Formulierung, welche diese Gleichung begründet, wäre daher wohl eine Vereinigung von Gravitation und Quantentheorie, mindestens aber ein substantieller Fortschritt.

7 Die Masse und das Rätsel der physikalischen Einheiten

UNBEANTWORTETE GRUNDSATZFRAGEN

Weniger als mathematische Formalismen sind es die konzeptionellen Hürden, die man bei vereinigenden Theorien überwinden muss. Darunter verstehe ich Eigenschaften der Natur, die nicht aus purer Logik heraus zu ergründen sind, d. h. alles, was fragen lässt: „warum so und nicht anders?" Die Zahlen 137 oder 1836 sind ein offensichtliches Beispiel, aber es gibt auch allgemeinere Probleme. Warum ist Gravitation nur anziehend, die elektromagnetische Wechselwirkung jedoch sowohl anziehend als auch abstoßend? Kann sein, dass die Lösung mitgeliefert wird, wenn man die Feinstrukturkonstante berechnet, vielleicht muss man aber auch diese Schlüsselfrage vorher beantworten.

Die Frage „warum scheint das Universum zu expandieren?" wurde zum Beispiel im Kapitel 6 beantwortet, aber viele andere bleiben noch im Dunkeln. Was ist die Ursache der Radioaktivität? Ist Physik ohne Radioaktivität überhaupt denkbar, und wenn nein, warum nicht? Warum gibt es zwei Arten von Elementarteilchen, „Fermionen" mit halbzahligem und „Bosonen" mit ganzzahligem Spin? Warum existiert überhaupt der Spin, jene rätselhafte Eigenschaft von Elementarteilchen, die wiederum mit der Konstanten h verbunden ist? Diese Frage wird uns noch besonders beschäftigen.

Warum existiert kein anschauliches Bild der Quantenphysik? Bei manchen Experimenten scheint sich Licht wie eine Welle zu verhalten, bei anderen wie ein Teilchen, gleiches gilt für alle materiebehafteten „Teilchen": auch sie haben nachweislich Wellennatur. Die meisten Physiker haben sich an diese Absonderlichkeit gewöhnt, jedoch ist der dazu erfundene Ausdruck „Welle-Teilchen Dualismus" oder gar das von Niels Bohr[1] postulierte „Komplementaritätsprinzip" nicht wirklich eine Erklärung.

---

[1] Bohr war ein großer Visionär der Physik, jedoch waren seine Schriften auch

Teil II: Das Ende von Raum und Zeit

ANTWORTEN, DIE KNAPP DANEBEN LIEGEN

Auch hier ist es unmöglich, auch nur einen skizzenhaften Überblick über die zu diesem Thema verfassten Gedanken zu geben. Wenn langandauernde Bemühungen so wenig Resultat hervorbringen, muss man aber vermuten, dass das Problem falsch angegangen wurde. Interessanter als die Diskussion der Wellen- bzw. Teilchennatur ist wohl die Frage: warum zeigt sich die Natur in zwei charakteristischen, aber so unterschiedlichen Phänomenen wie Licht und Materie?

Dies ist wohl das wirkliche Rätsel, auch weil sich hier eine Parallele zu den Naturkonstanten zeigt, die immer Wegweiser zu fundamentalen Erkenntnissen waren. Licht ist offensichtlich mit der Lichtgeschwindigkeit c verbunden, und die Konstante h eine Eigenschaft von Materie. Einsteins Energieformel für Lichtquanten $E = hf$ ist kein Gegenargument, weil alle Experimente dazu (Fotoeffekt, Compton-Effekt) die Präsenz von Materie erfordern. Ob $E=hf$ in einer Welt ohne Materie gilt, wird man daher nie entscheiden können. Ebenso schwer vorstellbar ist eine dunkle, nur aus Materie bestehende Welt (am absoluten Temperaturnullpunkt!) ohne jegliches Licht. Die Frage bleibt jedoch: warum hat die Natur gerade diese beiden Phänomene, Licht und Materie, ausgewählt? Es liegt nahe, dies mit der Existenz der beiden Naturkonstanten h und c in Verbindung zu bringen, den einzigen Konstanten, zu denen wir bisher nicht einmal die Möglichkeit einer Berechnung erkennen konnten.

EINFACHHEIT AUCH IN DEN EINHEITEN

Umgekehrt gibt es jedoch keinen Grund, warum so eine Erklärung dem menschlichen Verstand auf Dauer verschlossen bleiben müsste. Akzeptierten wir die Existenz von c und h

---

teilweise berüchtigt für Ihre Unklarheit und fast inhaltslosen Längen.

7 Die Masse und das Rätsel der physikalischen Einheiten

klaglos als nicht begründbare Phänomene, würden sie in der Tat die Rolle der letzten Götter der Menschheit einnehmen.

Ein scheinbar grundsätzliches Hindernis auf dem Weg zu einer Erklärung von h und c scheinen die physikalischen Einheiten darzustellen. Wie wir oben diskutiert hatten, würde die Eliminierung von G (Kap. 4) eine Begründung der Beziehung $m_p = \frac{r_p}{c^2}$ implizieren, so dass die Einheit der Plankschen Konstante zu m·s wird, also dem Produkt aus Länge mal Zeit. So, wie die drei Naturkonstanten G, h, c über die Plank-Einheiten (obwohl diese keine fundamentale Bedeutung haben) dazu dienten, die Größen kg, m und s festzulegen, benötigt man nun immerhin noch die zwei Naturkonstanten h und c, um überhaupt die physikalischen Einheiten Meter und Sekunde darzustellen, was über die Ausdrücke $\sqrt{hc}$ (Meter) und $\sqrt{\frac{h}{c}}$ (Sekunde) geschieht.

Würde man also noch einen Schritt weiter gehen und die Naturkonstanten h und c erklären bzw. abschaffen, verlöre man für jegliche Messungen die Basiseinheiten Meter und Sekunde. Offensichtlich berührt also die Existenz von h und c die Fundamente jener Bühne, auf der sich die Physik überhaupt abspielt: Raum und Zeit.

Sobald wir also h und c nicht mehr gottgegeben hinnehmen wollen, müssen wir auch nach einer Erklärung für diese elementaren Phänomene suchen und die Frage aufwerfen, warum sich die Naturerscheinungen überhaupt in diesem Rahmen von Raum und Zeit abspielen. Die Besonderheit liegt natürlich auch darin, dass der Raum offenbar drei Dimensionen hat und die Zeit eine, ein Aspekt dieses Problems ist also: warum präsentiert sich die Natur in dieser eigenartigen 3+1-dimensionalen Weise?

SACKGASSE RAUMZEIT

Diese Frage wird bis heute in der Physik in erstaunlicher Weise verdrängt, wobei die kollektive Blindheit wohl historische Ursachen hat. Nach Vorarbeiten von Hendrik Antoon Lorentz, aber auch Henri Poincaré, formulierte Einstein 1905 die spezielle Relativitätstheorie, in der Raum- und Zeitmaßstäbe relativ waren. Die Naturgesetze selbst hingen jedoch nicht von der Bewegung des Bezugssystems ab.

Ein wesentliches Werkzeug zur Umrechnung in ein bewegtes Bezugssystem ist die sogenannte Lorentz-Transformation. Diese stellt in durchaus ästhetischer Weise eine Analogie auf zwischen gewöhnlichen Raumdrehungen (etwa in der x-y-Ebene) und Bewegungen (z. B. in x-Richtung), die mathematisch als Drehungen in der x-t-Ebene, also in einer räumlichen und einer zeitlichen Dimension gesehen werden konnten. Dabei treten zu den bekannten trigonometrischen Größen Sinus und Kosinus analoge Funktionen auf, was den Formalismus zusätzlich elegant macht. Das bedeutet aber nicht, dass darin wirklich eine grundlegende physikalische Bedeutung liegt. Für Mathematiker, die sich routinemäßig mit mehr als den drei wahrnehmbaren Dimensionen beschäftigen, war es jedoch verführerisch, den Begriff „Raumzeit" zu ersinnen und den dreidimensionalen Raum mit der eindimensionalen Zeit zu einem vierdimensionalen Gebilde zu verschmelzen.

Obwohl die erste Idee dazu von Henri Poincaré stammt, tat sich dabei besonders der deutsche Mathematiker Hermann Minkowski hervor, der dieses Konzept enthusiastisch vertrat. Auf dem Naturforscherkongress 1908 in Köln hielt er einen Vortrag mit dem legendären Titel „Raum und Zeit". Er zog seine Zuhörer mit Sätzen wie folgenden in den Bann:

„Meine Herren! Die Anschauungen über Raum und Zeit, die ich Ihnen entwickeln möchte, sind experimentell-physikalischem

7 Die Masse und das Rätsel der physikalischen Einheiten

Boden erwachsen. Darin liegt ihre Stärke. Ihre Tendenz ist eine radikale. Von Stund' an sollen Raum für sich und Zeit für sich völlig zu Schatten herabsinken, und nur noch eine Art Union der beiden soll Selbständigkeit bewahren."

Darin steckte nicht wirklich Substanz. Trotzdem hatte Minkowskis Vortrag enorme Wirkung, und man kann ihn rückblickend nur als weiteren Beweis dafür ansehen, wie sehr psychologische und soziologische Mechanismen die Meinungsbildung auch in der Physik beeinflussen. Sogar Einstein gab nach und nach seine anfängliche Skepsis über die vierdimensionale Formulierung auf; auch das trug wohl dazu bei, dass er später die Allgemeine Relativitätstheorie mit metrischen Begriffen formulierte und nicht mit einer variablen Lichtgeschwindigkeit. In so einer Theorie hätte die Lichtgeschwindigkeit c eine wichtige Rolle gespielt, die zu hinterfragen einlädt, während aus Minkowskis Sicht c ein unwichtiger „Umrechnungsfaktor" wurde, der die unterschiedlichen Einheiten von Raum und Zeit vereinigen sollte.

RAUM UND ZEIT SIND NICHT EINS

Nüchtern betrachtet, stellt dies eine Realitätsverweigerung der modernen Physik dar: Raum und Zeit, wie jeder Mensch wahrnimmt, der nicht buchstäblich von Sinnen ist, sind nun mal unterschiedliche Phänomene der Natur. Im Raum können wir navigieren, in der Zeit nicht, ja, sie nicht einmal aufhalten. Dennoch tut eine sich als fundamental gerierende theoretische Physik seit hundert Jahren so, als bestünde der offensichtliche Unterschied zwischen Raum und Zeit nicht. Seit den Zeiten von Minkowski sind Zweifel am Sinn des Konzeptes "Raumzeit" so gründlich aus dem kollektiven Gedächtnis der Physiker ausradiert, dass sich die überwiegende Anzahl weigern würde, das Problem überhaupt anzuerkennen.

Die Auswirkungen dieses hauptsächlich von Minkowski begründeten Paradigmas kann man wohl nur als verheerend bezeichnen. Denn das grundlegende Problem der Existenz von Raum und Zeit, das Anfang des 20. Jahrhunderts durch die Entwicklung der Relativitätstheorie und das Auftauchen der neuen Naturkonstanten h hätte offensichtlich werden können, wurde durch das Konzept einer vermeintlich vierdimensionalen Raumzeit völlig ausgeblendet.

So wie übermalter Rost sich schädlicher auswirkt als sichtbare Korrosion, trägt die theoretische Physik dieses Fehlkonzept seit Jahrzehnten mit sich. Nicht von ungefähr haben die Nichtachtung der Naturkonstanten und die entsprechenden Scheinerklärungen zu mathematischen Auswüchsen wie der Stringtheorie geführt, die leider wertvolle Ressourcen unter Mathematikern bindet. Dabei würden fünf Minuten ruhiges Nachdenken ausreichen, sich zu überzeugen, dass die Physik die Unterschiedlichkeit von Raum und Zeit bis heute nicht geklärt hat.

Wir sehen hier zum ersten Mal in diesem Buch das Grundproblem, dass eine befriedigende Theorie der Realität den Ursprung von Raum und Zeit ergründen bzw. hinterfragen muss. Bevor man diese Begriffe näher untersucht oder darüber nachdenkt, wie das Konzept von Raum und Zeit vielleicht ersetzt werden kann, gibt es aber noch viele wissenswerte Eigenschaften der Naturkonstanten h und c zu betrachten. Ohne einen historischen Überblick über diese Rätsel wäre es schwierig, überhaupt einen Ansatz zur Lösung des Problems zu finden. Ich möchte daher beiden Konstanten noch je ein Kapitel widmen, in dem Sie sich mit der Entstehungsgeschichte von h und c und den dabei auftauchenden Problemen vertraut machen können.

8 Endliche Lichtgeschwindigkeit: die subtile Anomalie

Angeblich hatte bereits Galileo Galilei, wahrscheinlich der aufmerksamste Beobachter der Natur zu seiner Zeit, über die Endlichkeit der Lichtgeschwindigkeit spekuliert. Er hatte die hochfrequenten Entladungen bei Gewittern wohl als Reflexionen eines Blitzes an weiter entfernten Wolken interpretiert und daher vermutet, dass die Lichtgeschwindigkeit nicht unendlich sein kann – so wie es der aristotelischen Physik und ihrem Hauptvertreter Descartes als unverrückbare Wahrheit erschien. Durch seine legendäre Beobachtung der vier Jupitermonde im Jahr 1610 sollte Galilei jedoch die Grundlage für die erste Messung der Lichtgeschwindigkeit schaffen.

Die präzisesten Daten zu den Jupitermonden befanden sich lange Zeit am astronomischen Observatorium in Kopenhagen, so dass der französische Astronom Jean Picard 1671 deshalb dorthin reiste, um den genauen Unterschied in der geographischen Länge zwischen Kopenhagen und Paris zu bestimmen. Der dänische Astronom Ole Rømer assistierte ihm dabei so geschickt, dass ihn Picard einlud, im folgenden Jahr zur Sternwarte in Paris zu kommen, welche der berühmte Giovanni Domenico Cassini leitete.

DIE HIMMLISCHEN UHRWERKE

Die gemeinsame Beobachtung der Jupitermonde ergab, dass das himmlische Uhrwerk einen kleinen Makel zu haben schien. Cassini stellte im August 1676 fest, dass die Umlaufzeit des Mondes Io etwas länger schien, wenn sich die Erde von Jupiter wegbewegte, und vermutete eine endliche Ausbreitungsgeschwindigkeit des Lichtes. Rømer untersuchte nun die Daten besonders genau und wagte die Vorhersage, Io würde am

9. November 1676 zehn Minuten „zu spät" sichtbar werden. Als dies eintraf, wurde er mit einem Schlag bekannt.

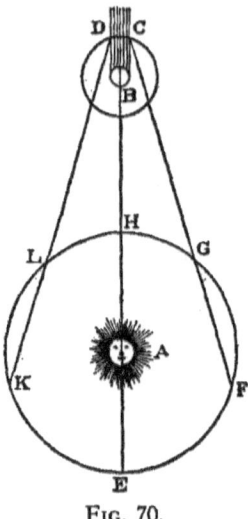

Fig. 70.

Schematische Zeichnung von Rømer, die den Effekt verdeutlicht: die Sonne befindet sich bei A, Jupiter bei B, der von Io umkreist wird und daher am Punkt D aus dem Jupiter Schatten heraustritt. Während eines Umlaufs von Io bewegt sich jedoch die Erde vom Punkt L zum weiter entfernten Punkt K. Die zusätzliche Lichtlaufzeit von L nach K verursacht eine scheinbare Verspätung des Zeitpunkts, an dem Io aus dem Jupiter Schatten heraustritt. Umgekehrt liegt der Fall, wenn sich die Erde von F nach G bewegt.

Die vorhergesagten zehn Minuten entsprachen tatsächlich ziemlich genau dem Wert der Lichtgeschwindigkeit, jedoch war dies etwas dem Zufall geschuldet. Denn erst Christiaan Huygens berechnete aus Rømers Daten einen konkreten Wert für die Lichtgeschwindigkeit von 212.000 km/s, welcher vom tatsächlichen Wert 299792458 m/s noch wesentlich abweicht. Erstaunlicherweise wurde die epochale Entdeckung der endlichen Lichtgeschwindigkeit noch nicht allgemein anerkannt, sondern erst,

8 Endliche Lichtgeschwindigkeit: die subtile Anomalie

nachdem 1725 die sogenannte Aberration des Lichtes entdeckt wurde: man stellte fest, dass ein senkrecht zur Sternrichtung bewegtes Teleskop leicht gekippt werden muss, damit das sich mit c ausbreitende Licht auf dessen Mitte trifft.[39] Man sieht hier aber besonders schön das Ineinandergreifen der Astronomie mit den restlichen Gebieten der Physik.

LANGE ZEIT PASSIERT NICHTS

Die verzögerte Anerkennung lag vor allem an der größten wissenschaftlichen Autorität Frankreichs, René Descartes, der am Dogma einer unendlichen Ausbreitungsgeschwindigkeit festhielt, ebenso wie – vielleicht wider besseres Wissen – Cassini. Isaac Newton hingegen akzeptierte die Deutung Rømers. In einem hatte Descartes jedoch recht: eine endliche Ausbreitungsgeschwindigkeit des Lichts passte nicht in ein System philosophischer Einfachheit, von dem die damaligen Naturforscher überzeugt waren. Niemand hatte die Endlichkeit der Lichtgeschwindigkeit vorhergesagt oder gar berechnet. Rømers Entdeckung stellte damit eine Anomalie dar, das heißt eine Beobachtung, welche im Rahmen der anerkannten Naturgesetze nicht erklärt werden konnte. Da sie außerhalb Himmelsmechanik jedoch wenig Bedeutung hatte, wurde darin nichts Fundamentales, sondern eher eine astronomische Kuriosität gesehen.

Daran sollte sich fast zweihundert Jahre nichts ändern, ehe im Rahmen der Entwicklung der Elektrodynamik klar wurde, dass elektromagnetische Wellen sich mit Lichtgeschwindigkeit ausbreiten, was 1888 durch Heinrich Hertz bestätigt worden war. Nach dieser Erkenntnis war es offenkundig, dass die Lichtgeschwindigkeit c in der Natur noch eine viel bedeutendere Rolle spielte. Natürlich wurde die Entdeckung von Hertz, die ja damals die Zahl der Naturkonstanten verringerte, nicht als eine störende Anomalie, sondern als willkommene Vereinigung empfunden, und niemand hatte zu dieser Zeit Anlass, die Rolle von c aus allgemeiner methodischer Perspektive heraus zu hinterfragen. Die Lichtgeschwindigkeit, obwohl selbst noch unerklärt, war ein selbstverständlicher Teil der Physik geworden.

LICHTGESCHWINDIGKEIT UND MASSE

Als schließlich 1905 Albert Einstein seinen berühmten Aufsatz *Zur Elektrodynamik bewegter Körper* veröffentlichte, wurde die Lichtgeschwindigkeit mit einem Schlag noch wichtiger. Neben der Zeitdilatation mit dem spektakulären langsameren Zeitablauf bewegter Uhren nach der Formel $\frac{t'}{t} = \sqrt{1 - \frac{v^2}{c^2}}$ ist der Effekt auf die Dynamik von Massen von herausragender Bedeutung. Einstein und andere hatten erkannt, dass auch bei beliebiger Zufuhr von Energie ein materieller Körper die Lichtgeschwindigkeit nicht überschreiten konnte – ein Problem für die Newtonsche Mechanik. Demnach nimmt die Masse eines bewegten Körpers mit dem Faktor

$$\frac{m}{m_0} = \frac{1}{\sqrt{1 - \frac{v^2}{c^2}}}$$

zu, wie wir im Kapitel 3 schon besprochen hatten. Konzeptionell ist hierbei entscheidend, dass mit c nicht nur eine endliche Geschwindigkeit des Lichts existiert, sondern diese auch eine Grenzgeschwindigkeit für Materie darstellt, die diese aus prinzipiellen Gründen nicht überschreiten kann. Diese beiden grundlegenden Phänomene der Physik, Licht einerseits und Materie andererseits, werden uns noch eingehender beschäftigen.

Jedenfalls gehört der Gedanke, dass der Zeitablauf von der Bewegung des Beobachters abhängt, mithin relativ ist, sicher zu den kühnsten Ideen des 20. Jahrhunderts, wenn nicht der Physik überhaupt. Es braucht nicht wiederholt zu werden, welche Konsequenzen diese intellektuelle Leistung der Relativitätstheorie

8 Endliche Lichtgeschwindigkeit: die subtile Anomalie

von 1905 für das moderne Weltbild hatte. Mit Recht wird sie als eine Erkenntnis angesehen, die unabdingbar für ein tieferes Verständnis der Natur nötig ist und als Weiterentwicklung der Newtonschen Mechanik gefeiert.

Dabei geriet jedoch in Vergessenheit, dass auch Einstein, ebenso wie Newton, die Existenz der Lichtgeschwindigkeit als solche nicht erklärte. Aus historischer Perspektive war dies vielleicht viel verlangt, Einstein hatte als unbekannter Patentamtsangestellter ja auch so schon alle Mühe, dass man die revolutionären Konsequenzen seiner Theorie ernst nahm. Vor allem die von Herrmann Minkowski propagierte vierdimensionale Formulierung ab 1908 trug dazu bei, von diesem wesentlichen Problem abzulenken.

Einstein brachte der vierdimensionalen Formulierung zwar zunächst ein gewisses ironisches Misstrauen entgegen („Seit die Mathematiker sich der Relativitätstheorie bemächtigt haben, verstehe ich sie selbst nicht mehr"), aber – leider – keinen aktiven Widerstand. Vielleicht weil ihm der Erfolg der Theorie ja auch schmeichelte, war seiner Intuition entgangen, dass damit eine katastrophale Fehlentwicklung der theoretischen Physik eingeleitet wurde, nämlich das Verkennen der Tatsache, dass es sich bei der Lichtgeschwindigkeit c um ein nach wie vor ungeklärtes Phänomen der Physik handelt.

KONSTANT ODER NICHT?

Ein aufmerksamer Leser von Kapitel 4 könnte hier vielleicht die Frage stellen, warum die Lichtgeschwindigkeit c hier als Konstante bezeichnet wird. Einsteins Gedanken von 1911, in Kombination mit der Theorie von Robert Dicke 1957, zeigten ja gerade, dass es praktikabel war, die Lichtgeschwindigkeit als veränderlich aufzufassen, weil es eine anschauliche Formulierung der Allgemeinen Relativitätstheorie ermöglichte. Kann also eine variable Größe eine Naturkonstante sein? Im technischen Sinne, ja. Die Abhängigkeit der Lichtgeschwindigkeit von Ort und Zeit ist keine Komplizierung im wissenschaftstheoretischen Sinne, vielmehr erlaubt sie es erst, die Gravitationskonstante (deren scheinbarer Wert ja ebenfalls variiert) aus den Daten des Weltalls heraus zu berechnen. Insofern sollte man statt von Naturkonstanten eher von quantifizierbaren Größen sprechen, die die Natur mitteilt. Dies ändert aber nichts daran, dass diese erklärungsbedürftig sind. Die Formulierung der variablen Lichtgeschwindigkeit bietet umgekehrt neue Gelegenheiten, die Natur von c besser zu verstehen. So liegt es nahe, dem Ausdruck $1/c^2$ eine besondere Bedeutung beizumessen, der einerseits im Gravitationspotenzial des Universums vorkommt, andererseits proportional zur kosmologischen Zeit ist (vgl. Kap. 4).

Im wissenschaftstheoretischen Sinne ist entscheidend, dass die Natur überhaupt eine derartige Grenzgeschwindigkeit vorgibt, egal ob sie lokal unterschiedlich sein kann. Diese obere Schranke für die Bewegung von Körpern ist eine Eigenschaft der Natur, deren Existenz man nicht a priori begründen kann. Warum gibt es keine Naturgesetze, die ohne diese Geschwindigkeitsbegrenzung auskommen? Diese Frage wurde bisher zu selten gestellt. Andererseits ist dies verständlich, weil die Relativitätstheorie selbst schöne Erklärungen liefert, etwa für die Formel der kinetischen Energie.

> Denn entwickelt man den relativistischen Ausdruck für die Gesamtenergie $E=mc^2=\frac{m_0 c^2}{\sqrt{1-\frac{v^2}{c^2}}}$ nach der bekannten Näherungsformel $\frac{1}{\sqrt{1-x}} \approx 1 + \frac{1}{2}x \ldots$, so ergibt sich $E = m_0 c^2 + \frac{1}{2} m v^2 + \ldots$ also die Ruheenergie und der seit 1726 bekannte Ausdruck für die kinetische Energie.

Warum sollte also ausgerechnet der auch in methodischer Hinsicht große Erfolg der Relativitätstheorie Anlass sein, über

8 Endliche Lichtgeschwindigkeit: die subtile Anomalie

den Ursprung von c nachzugrübeln? Tatsächlich handelt es sich bei c um die „älteste" Naturkonstante überhaupt, da ja sogar „Newtons" Konstante G erstmals 1798 gemessen wurde. Wahrscheinlich, weil zwischen der Entdeckung von c bis zum Erkennen der vollen Bedeutung eine so lange Zeitspanne lag, wird der wissenschaftstheoretisch entscheidende Aspekt der Konstante c kaum wahrgenommen. Niemand hat ihre Existenz vorhergesagt, insbesondere nicht die Rolle, die sie in der relativistischen Mechanik Einsteins spielt. Die Geschwindigkeitsabhängigkeit der Masse widerspricht daher der Newtonschen Theorie, die damit eigentlich widerlegt ist. Vor allem gibt es aus der Sicht Newtons keinen wie auch immer gearteten Grund, warum Massen nicht über die Lichtgeschwindigkeit hinaus beschleunigt werden könnten.

Dieser eklatante Widerspruch zur klassischen Mechanik, den die Existenz der Lichtgeschwindigkeit erzeugt, wird zwar allgemein durchaus anerkannt, jedoch dadurch in Watte verpackt, dass die spezielle Relativitätstheorie als Grenzfall die Newtonsche Mechanik enthält. Tatsächlich bleibt letztere für kleine Geschwindigkeiten näherungsweise gültig. Durch die mathematische Konsistenz und Eleganz der Speziellen Relativitätstheorie wird überblendet, dass die Modifikation von Newtons Gesetzen einen Preis hatte: die Einführung einer neuen Naturkonstante c, oder, wenn man es weniger respektvoll nennen will, eines willkürlichen freien Parameters.

DIE ELEGANTESTE ANOMALIE ALLER ZEITEN

Eine einzige Konstante, die eine derartige Vielfalt von physikalischen Phänomenen beschreibt, ist zwar Ausdruck einer relativen Sparsamkeit in der Formulierung von Naturgesetzen, die man kaum ernsthaft tadeln kann.

Teil II: Das Ende von Raum und Zeit

Dennoch stellt die Einführung eines willkürlichen Parameters im Sinne von Thomas Kuhn eine Komplizierung dar, die verhindert, dass eine bisher etablierte Theorie – Newtons Mechanik – komplett aufgegeben werden muss. Im strengen wissenschaftstheoretischen Sinne ist dies ein ungesundes Vorgehen, da durch das Einführen neuer Parameter die Unzulänglichkeit eines Modells oft überdeckt wird. Die Komplizierungen der mittelalterlichen Astronomie sind dafür bis heute noch das beste Beispiel.

Es mag für einen Physiker respektlos klingen, Parallelen von Einsteins Relativitätstheorie zu den Epizykeln des geozentrischen Weltbildes zu ziehen. Im Vergleich dazu ist die Relativitätstheorie ungleich sparsamer und mathematisch überzeugender. Eine nüchterne Betrachtung, welche die verwendeten Naturkonstanten zählt, kann aber nicht leugnen, dass es sich letztlich um einen graduellen Unterschied handelt: das ptolemäische Weltbild benötigte einen Wust von Naturkonstanten, Einsteins Theorie nur eine. Vielleicht aber eine zuviel.

Es sei betont, dass diese Überlegungen nichts zu tun haben mit der vielfältigen Kritik an der speziellen Relativitätstheorie, denen man aus allen möglichen Quellen begegnet[1] und die ich allesamt, das sei hier gesagt, für nicht gerechtfertigt halte. Vielmehr ist es nur jener methodische Aspekt einer willkürlichen Konstante, der sich langsam über die Jahrhunderte hinweg enthüllt hat, den ich als unbefriedigend empfinde. Vielleicht erscheint es vielen als zu gewagt, die gesamte Relativitätstheorie nur als Behelf aufzufassen, die Newtonsche Mechanik nicht ganz fallenzulassen und wenigstens ihre Begriffe zu retten. Aber wenn man Naturphilosophie fern von jedem Götterglauben betreiben will, kann man auch die Lichtgeschwindigkeit c nur als freien

---

[1] Darunter aus wenigen Sätzen bestehende „logische" Argumente, welche die gemessenen Phänomene der Zeitdilatation oder Massenzunahme für unmöglich erklären.

8 Endliche Lichtgeschwindigkeit: die subtile Anomalie

Parameter auffassen, den es irgendwann durch ein tieferes Verständnis zu eliminieren gilt. Dass c erst nach vielen Generationen von Naturwissenschaftlern seine endgültige Rolle in der Physik einnahm, darf nicht darüber hinwegtäuschen, dass es sich um eine Anomalie handelt, welche die zugrunde liegende Theorie falsifiziert. Die hier unter Verdacht stehende klassische Mechanik Newtons wird damit als intellektuelle Leistung der Menschheit nicht abgewertet, wenn wir in ihr eine Unzulänglichkeit in einem elementaren Sinne erkennen.

ZURÜCK AUF RESET VOR 400 JAHREN

Newtons Theorie wiederum ist in ihren Annahmen so sparsam und fußt auf bestechender Logik, dass nur wenige Konzepte verbleiben, in denen wir den Fehler suchen können. Die einzigen Begriffe, die von Newton nicht hergeleitet wurden, sondern deren Existenz als selbstverständlich vorausgesetzt worden war, sind Raum und Zeit.

Absolute, true, and mathematical time, of itself, and from its own nature, flows equably without relation to anything external. – Isaac Newton

Newton schien ein euklidischer dreidimensionaler Raum und eine gleichmäßig verlaufende, eindimensionale Zeit als so evident, dass er sie als Basis seiner Überlegungen nicht weiter begründete. Genau hier müssen wir aber ansetzen, wenn wir das Phänomen der Lichtgeschwindigkeit gründlich begreifen wollen. Es kann nicht sein, dass sich die Bewegungen in Raum und Zeit nach einem willkürlich aufgestellten Verbotsschild richten. Vielmehr müsste sich das scheinbare Auftreten einer Grenzgeschwindigkeit denknotwendig aus einer mathematischen Theorie ergeben, die uns noch verborgen ist. Dabei können wir nicht anders, als den seit Menschengedenken sicheren Hafen unserer Realität, die so selbstverständliche Wahrnehmung von Raum und Zeit, zu

Teil II: Das Ende von Raum und Zeit

verlassen und mathematische Objekte zu untersuchen, die zwar erklären, warum unsere Sinne sich dieser Illusion hingeben, jedoch aus elementaren Prinzipien heraus begründet sind.

9 Widerspenstige Atome: noch ein Problem für Newton

Noch bevor die Rolle der Lichtgeschwindigkeit in der Physik vollkommen erfasst war, sollte eine weitere geheimnisvolle Naturkonstante die Physik des beginnenden 20. Jahrhunderts auf dem Kopf stellen. Wie bereits erwähnt, führte Max Planck das Wirkungsquantum h in sein Strahlungsgesetz ein, obwohl er selbst ihm ausdrücklich keine physikalische Bedeutung beimessen wollte („h" stand für Hilfsgröße). Die Wichtigkeit von h wurde von Einstein erkannt, der mit der Formel $E=hf$ postulierte, Licht dürfe Energie nur portionsweise (in Quanten) abgeben. Schließlich fiel Niels Bohr auf, dass Elektronen im Atom nur ein Vielfaches von $\hbar = \frac{h}{2\pi}$ als Bahndrehimpuls annehmen konnten. Die folgende Entwicklung der Quantenmechanik wäre ohne h nicht denkbar, so dass sie manchmal als fundamentalste aller Naturkonstanten angesehen wird. Einstein war übrigens auch an einer wichtigen Beobachtung, die mit h zusammenhing, beteiligt.

Um Bohrs kühne Vermutung über die Rolle von $\hbar$ als Drehimpuls direkt nachzuweisen, ersann Einstein 1915 zusammen mit dem holländischen Physiker de Haas ein Experiment, dessen Auswertung allerdings noch eine Überraschung bergen sollte. Elektronen in einem Metall tragen ebenfalls Drehimpuls, der sich jedoch wegen seiner unterschiedlichen Orientierungen normalerweise nicht messen lässt. Legt man allerdings ein äußeres Magnetfeld an, orientiert sich der Drehimpuls der Elektronen im Metall in eine Richtung, so als ob sich die Elementarteilchen von einem unsichtbaren Kamm frisieren ließen. Eine Umpolung des Magnetfeldes unter diesen Bedingungen führte folglich dazu, dass alle Elektronen im Metall die Richtung ihres Drehimpulses um 180 Grad änderten. Dieses kollektive Verhalten konnte man als kleine Drehimpulsänderung des gesamten Metallstücks messen, wenn dieses an einem empfindlichen drehbaren Draht befestigt war.[I]

VERFÜHRUNG DURCH ERWARTETES ERGEBNIS

Einstein und de Haas erwarteten ein bestimmtes Ergebnis, gleichzeitig waren die Messergebnisse der filigranen Apparatur durchaus fehleranfällig. Einstein war daher zufrieden mit einem Resultat, das mit der Theorie auf zwei Prozent genau übereinstimmte, und verwarf eine andere Versuchsdurchführung, bei der der magnetische Effekt fast um die Hälfte stärker gemessen worden war. In Wirklichkeit war jedoch, wie sich durch genauere Experimente bald herausstellte, das gemessene magnetische Moment doppelt so groß wie erwartet! Man wünschte, diesen psychologisch lehrreichen Fehler nähmen sich heute mehr Wissenschaftler zu Herzen, die in Daten nach der Bestätigung einer gewünschten Theorie suchen.

Warum dieses Magnetfeld doppelt so stark war, als sich bei einer rotierenden Ladungsverteilung ergeben sollte, ist im wissenschaftstheoretischen Sinne eine Anomalie und im Grunde ein bis heute ungelöstes Problem. Später, 1925, wurde von Uhlenbeck und Goudsmit der sogenannte Spin zur Erklärung vorgeschlagen, den man sich zunächst als Eigenrotation des Elektrons vorstellte. Diese Vorstellung ist in noch weiterer Weise unrichtig,[II] worauf wir im Kapitel 12 noch zurückkommen.

[I] Dies ist im Prinzip der gleiche Apparat wie jene 1798 von Henry Cavendish zur Messung von G verwendete Drehwaage.
[II] Bereits 1925 hatte der holländische Physiker und Mentor Einsteins, Hendrik Antoon Lorentz, gezeigt, dass ein so kleines Teilchen kein so großes magnetisches Moment erzeugen konnte, sofern es nicht mit Überlichtgeschwindigkeit rotiert. Moderne Physiker würden solche Argumente als „veraltete klassische Vorstellung" kritisieren, die die „Quantennatur" des Effektes nicht berücksichtige. Was dies konkret bedeuten soll, bleibt jedoch offen.

9 Widerspenstige Atome: noch ein Problem für Newton

Vor allem stellt sich aus naturphilosophischer Sicht die Frage nach dem Grund für die Existenz des Spins. Paul Dirac versuchte 1928, eine Version der Schrödingergleichung aufzustellen, die mit Einsteins Relativitätstheorie kompatibel war und konstruierte mathematische Objekte, die manche Beobachtungen zum Spin korrekt wiedergeben. Man kann aber nicht sagen, damit sei die Ursache des Spins erklärt.[I] Warum alle Elementarteilchen diese Eigenschaft besitzen, bleibt völlig rätselhaft. Warum gibt es keine mikroskopischen Objekte in der Physik, die vollständig kugelsymmetrisch sind, was der Vorstellung eines Teilchens eigentlich entgegenkäme? Wir wissen es nicht. Aber selbst wenn man in den Rechnungen Diracs eine Begründung für das Phänomen des Spins sehen will, eine Rechtfertigung für das Auftreten der Naturkonstante h stellen Sie ganz sicher nicht dar.

QUANTENRÄTSEL BIS HEUTE

Das Quantum h überrascht die Wissenschaftler bis in die Gegenwart. Vor allem im Bereich extrem kalter Temperaturen zeigen sich immer wieder Phänomene, in denen h unvermittelt in den Daten auftaucht. So erhielt der britische Physiker Bryan Josephson 1972 den Nobelpreis für überraschend einsetzende Ströme zwischen verschiedenen Metallen, deren Stärke mit h zusammenhängt.[II]

Ein weiterer Nobelpreis wurde 1986 vergeben, als der deutsche Physiker Klaus von Klitzing festgestellt hatte, dass der elektrische Widerstand in einer sogenannten Hallsonde (man verwendet sie zur Magnetfeldmessung) als Vielfaches der Größe h/e^2 auftauchte. Diese Entdeckung wird bis heute zur Präzisionsmessung der beiden Naturkonstanten verwendet; 1996 gab es

---

[I] Vgl. auch Kap. 12.
[II] Bei angelegter Gleichspannung U beobachtet man einen Wechselstrom der Frequenz $f = 2\,e\,U/h$.

einen weiteren Nobelpreis für den sogenannten fraktionierten Quanten-Hall-Effekt.

Die Naturkonstante h kann also auf eine außergewöhnliche Erfolgsgeschichte zurückblicken, die ein ganzes Jahrhundert nicht nur zu aufregenden Entdeckungen, sondern auch zu bahnbrechender Technologie geführt hat: man denke nur an Laser, Digitalkamera und Computertechnologie. Darin liegt wahrscheinlich der Grund, dass die wissenschaftstheoretische Kehrseite, nämlich die Rolle von h als Anomalie, praktisch nicht wahrgenommen wird. Tatsächlich war ihr Auftreten aber gerade dadurch gekennzeichnet, dass sich die Phänomene nicht in das bestehende Wissen einordnen ließen.

DAS THEOREM VOM UNWISSEN

h schien oft gerade die Rolle des Widerspruchs spielen zu wollen. Besonders deutlich wird dies, wenn wir eins der wichtigsten Theoreme der Quantentheorie betrachten, das auf h aufbaut, die Heisenbergsche Unschärferelation.[1] Die Diskussionen, wie das unbestreitbar erfolgreiche Atommodell von Bohr zu interpretieren sei, beherrschten ab 1913 fast zwei Jahrzehnte lang die gesamte Physik. Vor allem Einstein, Heisenberg, Schrödinger und Bohr sprachen oft stundenlang darüber, was im Übrigen von einer ganz anderen Diskussionskultur zeugt, als sie heute üblich ist. Bohr und Einstein waren einmal in Kopenhagen so ins Gespräch vertieft, dass sie vergaßen, aus der Straßenbahn auszusteigen, und fuhren mehrmals zwischen den beiden Endhaltestellen hin und her. Als Schrödinger 1926 Bohr in Kopenhagen besuchte, überzog ihn dieser mit langen Diskussionen, worauf sich Schrödinger, wohl auch psychosomatisch bedingt, einen Infekt zuzog. Angeblich hielt dies Bohr jedoch nicht davon ab, ihm die

---

[1] Einen besonders guten Überblick bietet David Lindleys Buch *Uncertainty*.

9 Widerspenstige Atome: noch ein Problem für Newton

Argumente für das „Komplementaritätsprinzip" von der Bettkante aus nahezubringen.

Heisenberg hatte die Gelassenheit, die Probleme überblicksartig zusammenzufassen und sich auf beobachtbare Phänomene zu beschränken, eine Taktik, die er zuerst 1925 in einem Gespräch in Einsteins Wohnung in Berlin rechtfertigte.[40] Heisenberg behauptete selbstbewusst, manche Vorstellungen wie die präzise Beschreibung einer Elektronenbahn im Atom, seien einfach nicht beobachtbar. Seine Sichtweise fasste er in der sogenannten Unschärferelation zusammen, die seinen Namen trägt. Demnach sind bestimmte Paare von Größen, wie etwa Ort und Impuls, aber auch Energie und Zeit, nicht gleichzeitig genau messbar. Versucht man beispielsweise eine Ortsmessung mit einer Genauigkeit Δx, so sei aus prinzipiellen Gründen der Impuls nicht genauer als $\Delta p = h/\Delta x$ bestimmbar. Die Unschärferelation ist experimentell ausgezeichnet begründet, so findet man etwa bei sehr kurzlebigen Teilchen (kleines Δt) eine entsprechend breite Verteilung ihrer Energie, die sich nicht genauer als $\Delta E = h/\Delta t$ angeben lässt. Die Unschärferelation gilt für alle Größen, deren Produkt die Einheit von h trägt. Man kann sie fast als eine Zusammenfassung der Rätsel von h auffassen.

Die Unschärferelation hat auch noch eine interessante Beziehung zu einem bekannten Theorem der Mathematikerin Emmy Noether über Symmetrien und Erhaltungssätze in der Physik. So führt das Postulat, dass Bewegungsgleichungen unabhängig vom Ort sind, zu der Impulserhaltung der Mechanik. Die Energie muss dagegen erhalten sein, wenn man eine Unabhängigkeit der Naturgesetze von der Zeit fordert.[1] Da dies kosmologisch gar

---

[1] Vgl. die langsame Abnahme von Frequenzen $f \sim t^{-\frac{1}{4}}$ und damit Energien im Kap. 5. Schon im 19. Jahrhundert hatte der deutsche Universalgelehrte Hermann von Helmholtz die Frage aufgeworfen, warum Energie in zwei so unterschiedlichen Formen wie kinetischer und potenzieller Energie vorkommt.

nicht zutrifft, muss auch der Begriff der Energie geeignet verallgemeinert werden.

Heisenbergs Formel zur Konstante h ist zweifellos eine bemerkenswerte Entdeckung, jedoch als Naturgesetz insofern besonders, als es nicht das Wissen, sondern das Unwissen quantifiziert. Obwohl die augenscheinlich zufällige Streuung der Messwerte, die sich aus der Unschärferelation ergibt, diese experimentell hervorragend bestätigt, liegt die Gesetzmäßigkeit hier gerade in der Abweichung vom Berechenbaren. Auch in diesem Sinne ist h, dessen Rolle sich durch die Unschärferelation vielleicht am besten herauskristallisiert, eine Anomalie, die aus methodischer Sicht Anlass geben muss, das bisher als sicher Angenommene zu hinterfragen.

DIE KLASSISCHE PHYSIK HAT EIN PROBLEM

Insbesondere steht die Unschärferelation, ja die bloße Existenz von h im Widerspruch zu Newtonschen Mechanik. Denn es gibt in dieser klassischen Vorstellung nicht den geringsten Grund, warum es unmöglich sein sollte, den Impuls bzw. die Geschwindigkeit eines Körpers gleichzeitig mit dessen Aufenthaltsort zu messen. Gleiches gilt für die noch anschaulicheren Begriffe Energie und Zeit, die nach klassischer Vorstellung durchaus gleichzeitig als präzise messbare Größen existieren könnten.[1] Ebenso gibt es für die Quantelung des Drehimpulses keinen erkennbaren Grund. Die Quantenmechanik widerspricht damit eklatant der klassischen Physik. Bei der Formulierung der Quantentheorie bemühte man sich jedoch wie selbstverständlich, die

---

[1] Die Diskussionen dazu auf der Solvay-Konferenz von 1930 zwischen Bohr und Einstein sind legendär. Einstein behauptete eines Abends, mit einem Gedankenexperiment die Unschärferelation widerlegen zu können, was Bohr eine schlaflose Nacht bescherte. Am nächsten Tag wies ihm Bohr jedoch nach, dabei einen Effekt seiner eigenen Allgemeinen Relativitätstheorie übersehen zu haben.

klassische Mechanik dennoch als Grenzfall zu erhalten. Konsequenter wäre es vielleicht gewesen, Newton als widerlegt anzusehen.

So wie die klassische Mechanik weiterhin gilt für Geschwindigkeiten, die klein im Vergleich zu c sind, finden sich zur Newtonschen Theorie keine Widersprüche, solange die Produkte aus Ort und Impuls bzw. Energie und Zeit groß im Vergleich zu h sind. So wie c der Physik auf großen astronomischen Skalen widerspricht, stolpert diese auf der atomaren Skala über h. Formaler ausgedrückt, gilt die klassische Mechanik in den beiden Grenzfällen, wenn die Lichtgeschwindigkeit c unendlich groß und die Plancksche Konstante h unendlich klein wäre. In der realen Welt ist dies aber leider nicht der Fall.

Schauen wir auf die physikalischen Einheiten im Kapitel 7, ergibt sich noch ein neuer Aspekt von Heisenbergs Unschärferelation. Drückt man die Einheit der Masse, also kg, durch eine inverse Beschleunigung s^2/m aus, so wird die Einheit des Wirkungsquantums h bekanntlich zu m·s, also zum Produkt einer Länge und einer Zeit. Das offensichtliche Problem mit den Begriffen von Raum und Zeit würde sich mit Heisenbergs Relation somit als eine Raum-Zeit-Unschärfe darstellen. Ob diese Sicht zu weiteren Erkenntnissen führt, oder ob die Unschärferelation selbst Teil des Problems ist, muss sich zeigen.

GEGEN KUHN HELFEN KEINE MATHEMATISCHEN AUSREDEN

Das übliche Narrativ in der Physikgeschichte lautet, die Konstante h sei um 1900 wie aus dem Nichts erschienen und habe im Laufe der Jahrzehnte die verschiedensten Phänomene erklärt. Methodisch betrachtet, ist es jedoch korrekter zu sagen, h wurde eingeführt, um widersprüchliche Phänomene zu beschreiben. Dass dies mit einer einzigen neuen Konstante h relativ sparsam gelang, ist unbenommen. Dennoch handelt es sich, zieht man die Bilanz nach einem Jahrhundert voller Entdeckungen, um einen willkürlichen freien Parameter, den man zur Rettung einer bestehenden Theorie eingeführt hat, um diese nicht vollständig aufgeben zu müssen. h ist damit ganz klar eine Anomalie im Sinne von Thomas Kuhn, die auf ein Problem des zu Grunde liegenden Modells hindeutet – die Newtonsche Physik.

Eine weitere Ironie der Geschichte verdient hier noch Erwähnung. Newton war neben Leibniz der Erfinder der Differenzialrechnung, die infinitesimal kleine Größen verwendet. Darauf aufbauend, haben Mathematiker Begriffe wie Stetigkeit und Differenzierbarkeit entwickelt, welche sie oft zur Rechtfertigung physikalischer Theoreme verwenden. Gelangt man aber in der Physik konkret zu mikroskopischen Skalen, geben sich auch die mathematischen Physiker mit der Aussage zufrieden, dort seien „Quantenkorrekturen" nötig, was immer das auch bedeuten mag. Man kann dies nicht anders als eine Ausrede bezeichnen, die darüber hinwegtäuscht, dass auf kleinen Zeit- und Längenskalen die Beschreibung der Realität zusammenbricht. Auch in diesem Sinne kollidiert Newtons Gedankengebäude, das über Jahrhunderte zur mathematischen Naturbeschreibung verwendet wurde, mit der Realität.

KÖNNEN WIR DEN FORTGANG DER WELT BERECHNEN?

Schließlich ist noch eine erkenntnistheoretische Konsequenz der Quantentheorie zu nennen, die seit ihren Anfängen zu unendlich vielen Debatten in Wort und Schrift geführt hat. Es handelt sich um den Zufall in der Natur. Seit Henri Becquerels Entdeckung der Radioaktivität im Jahr 1896 ist es klar, dass der konkrete Zeitpunkt des Zerfalls eines instabilen Atomkerns nicht vorhersagbar ist. Der Zerfall lässt sich nur statistisch

9 Widerspenstige Atome: noch ein Problem für Newton

beschreiben, was einer mechanistischen Naturbeschreibung zuwiderläuft und der seit Aristoteles und Descartes existierenden Idee des Determinismus ein Ende setzte.

In der Atomphysik Anfang des 20. Jahrhunderts stieß man auf zahllose weitere Fälle, in denen offenbar der Zufall zu regieren schien. So ist etwa der Auftreffort eines Elektrons, das durch einen engen Spalt fliegt, vom Zufall bestimmt, ebenso wie der Zeitpunkt, in dem ein Elektron im Atom unter Lichtaussendung von einer höheren auf eine niedrigere Bahn springt. Erwin Schrödinger war über die Idee dieser zufälligen „Quantenspringerei" so erbost, dass er ausrief, er wolle seine Beschäftigung mit der Physik aufgeben, wenn dieser nichts Besseres dazu einfalle.

Erwin Schrödinger (1887–1961)

Noch bekannter ist die ikonische Kritik von Einstein, der seine Skepsis über den Zufall in Naturgesetzen mit dem schlichten Satz[I] „Gott würfelt nicht!" zusammenfasste.

Phänomenologisch gibt es keinen Zweifel: manche Prozesse lassen sich nur statistisch beschreiben. Erkenntnistheoretisch bleibt die Frage, ob es dafür zwingende Gründe gibt. Es lässt sich die Auffassung vertreten, dass der Rückgriff auf den Zufall tatsächlich eine Niederlage des Verstandes ist, der zu seinem Selbstschutz unterstellt, etwas sei prinzipiell unmöglich zu berechnen, weil er eben dieses Prinzip noch nicht verstanden hat. Ich möchte dieses Argument nicht in dieser Radikalität auf den Zufall anwenden, obwohl der Verzicht auf Kausalität durchaus unbefriedigend ist.

ZUFÄLLIGE VERRÜCKTHEITEN

Aber auch für den, der den Zufall als eine Eigenschaft der Natur hinnehmen will, gibt es unabhängig davon noch gewichtige Argumente, die zeigen, dass es ein Problem bei den Grundlagen der physikalischen Welt, Raum und Zeit, gibt. So muss die Quantenmechanik davon ausgehen, der Zufall manifestiere sich oft erst im Moment der Messung.[II] Man geht davon aus, dass mikroskopische Systeme wie zum Beispiel Elektronen in einem Atom durch eine Wellenfunktion beschrieben werden, die nur eine Wahrscheinlichkeit für einen bestimmten Zustand angibt. Insbesondere sei das Ergebnis der Messung durch diese beeinflusst. Manche interpretierten dies dahingehend, es gebe keine vom Beobachter unabhängige Realität mehr. Dies hat ebenfalls zu zahlreichen Debatten geführt.

[I] Einstein präzisierte später seine Vorbehalte mit der Aussage *Probabilitatem esse deducendam, nicht delendam!* Sinngemäß: es sei nicht ausgeschlossen, dass sich die Natur zufällig verhalte, dies müsse jedoch hergeleitet werden.
[II] Sogenannter „Kollaps der Wellenfunktion", „Messproblem" etc.

9 Widerspenstige Atome: noch ein Problem für Newton

Gleichsam zur Verteidigung der objektiven Realität ersann Erwin Schrödinger ein legendäres Gedankenexperiment von einer Katze in einer Kiste, die je nach Ausgang eines mikroskopischen Zufallsereignisses von einer giftigen Ampulle getötet wird oder nicht. Schrödinger spottete, dass die Katze sich in einem quantenmechanischen Überlagerungszustand von tot und lebendig befinden müsse, ehe jemand den Deckel aufmacht und nachsieht, was mit dem armen Tier los ist. Er brachte damit die konzeptionellen Schwierigkeiten auf den Punkt, die bei der Übertragung von mikroskopischen Vorgängen in die Alltagswelt offenbar werden.

Nur ein Narr verzichtet auf die Hypothese der realen Außenwelt. – Erwin Schrödinger

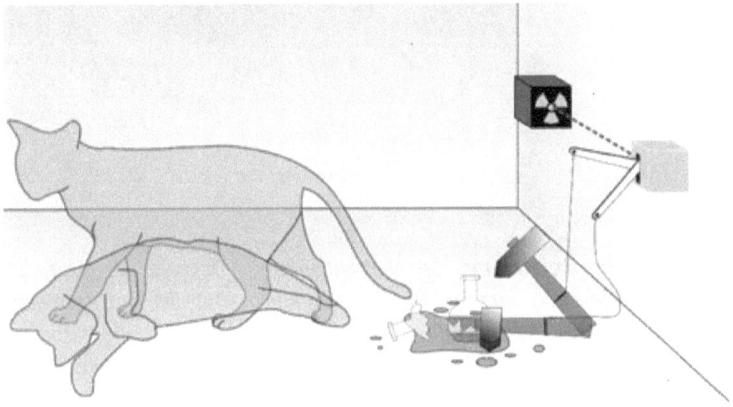

Schematische Darstellung von Schrödingers Katze. Ein zufälliger radioaktiver Zerfall führt zur Öffnung einer Giftampulle, welche die Katze töten kann.

ANGRIFF AUF DEN QUANTENSPUK

Einen noch härteren Schlag fügte Einstein der Quantenmechanik mit einem Gedankenexperiment zu, das er 1935, bereits in Princeton, zusammen mit den Physikern Podolsky und Rosen ersann. Nach den Vorstellungen der Quantentheorie existieren sogenannte verschränkte Systeme, beispielsweise zwei Elektronen im gleichen Orbital eines Wasserstoffatoms, deren Spins sich immer gegensätzlich ausrichten müssen, sich jedoch einzeln zufällig orientieren können. Misst man also einen Spin, weiß man im gleichen Moment über die Orientierung des anderen Bescheid. Das Problem dabei ist, dass sich solche Systeme durchaus räumlich trennen lassen, sodass eigentlich eine überlichtschnelle Übertragung der Information stattfinden müsste, sobald der Spin eines Elektrons gemessen wird. Einstein glaubte, die Relativitätstheorie würde dies verbieten und zeigte diesen Widerspruch auf.

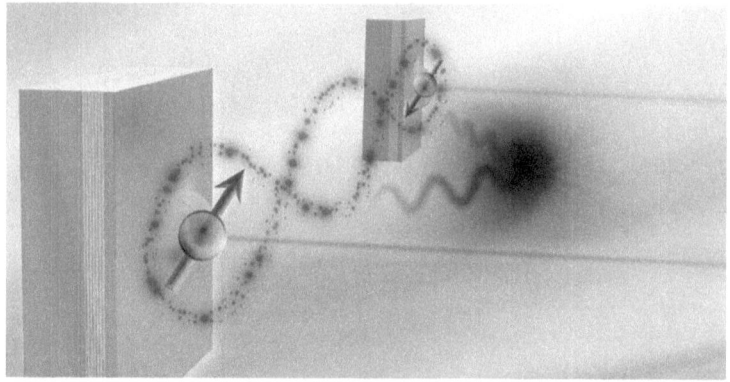

Schematische Darstellung der Verschränkung. Obwohl die Orte, an denen die Messung durchgeführt werden kann, räumlich getrennt sein können, ist das System doch durch eine einzige Wellenfunktion beschrieben. Die „verschränkten" Spins sind immer gegensätzlich orientiert.

AUCH FÜR OPTIMISTEN KEIN ENTKOMMEN

Erst nach vielen Jahrzehnten gelang dem französischem Pysiker Alan Aspect der Nachweis, dass sich die Natur tatsächlich so verrückt benimmt: Auch in großer Distanz spürten die Elektronenspins ihre Ausrichtung.[1] Einstein hatte Unrecht gehabt.

---

[1] Dies nennt man *Nichtlokalität*.

9 Widerspenstige Atome: noch ein Problem für Newton

Diese faszinierende Eigenschaft der Verschränkung nutzt man heute bei der Entwicklung des Quantencomputers. Statt herkömmliche Bits, die die Werte 0 und 1 annehmen können, rechnet ein Quantencomputer mit sogenannten Qubits, welche stetige Werte annehmen und nur mit einer bestimmten Wahrscheinlichkeit sich in einem von zwei Zuständen befinden – eben wie der Spin eines Elektrons.

Die Diskussion darüber, wie diese und verwandte Phänomene theoretisch zu verstehen sind, dauert bis heute an, und es scheint zunehmend unwahrscheinlicher, dass die Quantentheorie überhaupt einen in sich konsistenten Formalismus der Naturbeschreibung darstellt.[41] Wirklich logisch befriedigend ist aber auch keine der gängigen Alternativen und es scheint ausgeschlossen, dass sich die Gemeinschaft der Wissenschaftler auf eine der bekannten Interpretationen der Quantenmechanik einigen wird. Eine so langanhaltende Stagnation lässt vermuten, dass die wahre Ursache der Schwierigkeiten bis heute noch nicht richtig erkannt ist. Sollte es sich herausstellen, dass Raum und Zeit tatsächlich ungeeignete Begriffe sind, die Realität zu beschreiben, wäre es naheliegend, wenn sich dies in vielen subtilen Widersprüchen dartut, wie wir sie in der Quantenwelt beobachten. Diese begrifflichen Probleme stellen bereits einen klaren Hinweis auf die Unzulänglichkeit der Newtonschen Mechanik und ihrer Basis, Raum und Zeit, dar.

Ungeachtet ihrer konzeptionellen Schwierigkeiten hat die Quantentheorie noch viele Befürworter, die in ihr keine fatalen Widersprüche sehen und sie als hinreichend konsistente Arbeitshypothese für die Entwicklung neuer Theorien hinnehmen. Betrachtet man jedoch die Wissenschaftsgeschichte aus methodischer Perspektive, zerstäubt sich diese Hoffnung. Denn auch die nachsichtigsten Anhänger der Quantenmechanik werden anerkennen müssen, dass sie auf der unerklärten Naturkonstante h beruht. Eine Quantentheorie ohne die Konstante h ist unvorstellbar.

Allein dies ist, trotz aller Erfolge der Theorie, ein Hindernis für jeden Fortschritt, wenn man Naturwissenschaft ohne Götterglauben betreibt. Die Physik hat bisher keinen tieferen Grund liefern können, der die Existenz von h notwendig macht.

Offensichtlich zeigen die mit h und c untrennbar verbundenen Einheiten Meter und Sekunde ein Problem mit den Begriffen Raum und Zeit auf. Jeder Versuch, h und c zu erklären und damit überflüssig zu machen, muss daher die Begriffe von Raum und Zeit hinterfragen. Dieses willkürliche 3+1-dimensionale Bild der Realität, die Basis der Newtonschen Physik, muss ersetzt werden, wenn man grundlegende Fortschritte in der Beschreibung der Realität machen will.

Dass die Rätsel um h und c die grundlegendsten Probleme der Physik darstellen, bedeutet natürlich nicht, es gäbe bis dahin keine Schwierigkeiten. Vielmehr haben auch die Kapitel 5 bis 7 aufgezeigt, dass es noch ein weiter Weg ist, die anderen Naturkonstanten zu eliminieren, ehe man sich h und c zuwendet. Ob dies zuerst gelingen muss, oder ob ein tieferes Verständnis von Raum und Zeit vielleicht hilft, die vorigen Probleme zu lösen, vermag ich nicht zu beurteilen. Jedenfalls müssen die ungelösten Fragen der Physik in ihrer Gesamtheit sichtbar sein, wenn wir eine Chance haben wollen, die Realität zu begreifen.

Teil III: Das mathematische Universum

> *"Time is said to have only one dimension, and space to have three dimensions. (...) The mathematical quaternion partakes of both these elements; in technical language it may be said to be 'time plus space', or 'space plus time': and in this sense it has, or at least involves a reference to, four dimensions. And how the One of Time, of Space the Three, might in the Chain of Symbols girdled be."*
>
> – William Rowan Hamilton

Teil III: Das mathematische Universum

10 Mögliche Alternativen für Raum und Zeit

Die vergangenen Kapitel haben gezeigt, dass sowohl die Lichtgeschwindigkeit c als auch das Plancksche Wirkungsquantum h im wissenschaftstheoretischen Sinne Anomalien sind, die den Grundlagen der Newtonschen Theorie widersprechen. Aber was ist falsch daran? Salopp gesagt, besteht die klassische Mechanik ja nur aus purer Logik und zwei Axiomen, die Newton nicht weiter gerechtfertigt hat: die Existenz von Raum und Zeit. Das Auftreten von h und c beweist: hier liegt das Problem.

Anders als alle vorher betrachteten Naturkonstanten, von denen ich gezeigt hatte, dass sie prinzipiell eliminierbar sind, sind h und c jedoch nicht berechenbar. Es gibt keine denkbare Gleichung, geschweige denn ein theoretisches Gebäude, aus dem man die numerischen Werte c=299792458 m/s oder h=6,62607015·10^{-34} kg m²/s herleiten könnte. Warum ist das so? Einfach, weil die Natur neben den Eigenschaften des Universums und denen der Elementarteilchen keine weiteren Größen mehr bereitstellt, aus denen man die obigen Werte berechnen könnte, ohne einem Zirkelschluss zu verfallen. Die Zahlenwerte selbst ergeben sich ja auch aus der willkürlichen Definition der Skalen Meter und Sekunde.[1] Bedeutet diese Willkürlichkeit der obigen Zahlenwerte, man müsse sich keine Gedanken um h und c machen, wie oft behauptet wird? Keineswegs! Ihre pure Existenz – nicht die Zahlenwerte – stellen ein Problem dar. Die Lösung kann aber nicht eine bisher unentdeckte Koinzidenz sein, sondern eine *qualitative* Rechtfertigung dafür, dass diese beiden Phänomene h

---

[1] Im Kapitel 7 wurde begründet, dass die Einheit kg durch eine inverse Beschleunigung, also durch m und s ausgedrückt werden muss. Damit ergibt sich die Einheit m aus $\sqrt{hc}$ und die Einheit s aus $\sqrt{h/c}$.

und c in der Natur auftauchen. Da diese nicht näher zu rechtfertigenden Einheiten Meter und Sekunde Maße für Raum und Zeit darstellen, wird offensichtlich: wir müssen diese Begriffe infrage stellen.

MATHEMATIK ALLEIN MUSS GENÜGEN

Einfachheit ist bei den hier angestellten naturphilosophischen Überlegungen ein gutes Leitprinzip, weil überwältigende historische Evidenz dafür spricht. Wie lässt sich Einfachheit in der Beschreibung der Natur erreichen? Letztlich nur dadurch, indem man das Modell der Realität von jeglichen „physikalischen" Konstanten befreit und durch pure Mathematik ausdrückt. Hält man sich an eine rationale Naturphilosophie, kann man Naturkonstanten nur als Ausdruck unseres bisher beschränkten Verständnisses interpretieren. Es gibt keinen erkenntnistheoretischen Grund, warum die Beschreibung der uns umgebenden Welt nicht mit mathematischen Theorien allein möglich sein sollte, und zwar ohne auf willkürliche Postulate wie Naturkonstanten zurückzugreifen.

Natürlich geht diese These noch über Galileo Galileis Credo „Das Buch der Natur ist in der Sprache der Mathematik geschrieben" hinaus, und es mag vielleicht manchen Leser meiner früheren Bücher verwundern, dass ich mich hier für eine Theorie der reinen Mathematik zur Naturbeschreibung ausspreche.[1] Für wirklichen Fortschritt müssen jedoch c und h *erklärt* werden, d. h. sich als mathematische Eigenschaften manifestieren. Die gesamte Phänomenologie von h und c muss sich zwingend aus

---

[1] Die sinnlose Mathematisierung der Physik durch die sogenannte Stringtheorie, Supersymmetrie oder Schleifen-Quantengravitation habe ich dabei als nicht falsifizierbar kritisiert. Sie folgen nicht nur nicht dem Prinzip der Einfachheit, sondern haben vor allem nicht verstanden, dass die bestehenden Naturkonstanten überhaupt erklärungsbedürftig sind.

mathematischen Objekten ergeben. Und natürlich sollen die Eigenschaften dieser Objekte auch erhellen, warum sie näherungsweise wie Raum und Zeit wahrgenommen werden.

WILLKÜRLICHE DIMENSIONEN

Newton verwendete als Grundlage seiner Mechanik eine eindimensionale, gleichmäßig verlaufende Zeit und einen dreidimensionalen, geraden euklidischen Raum. Diesen nennt man $\mathbb{R}^3$, weil sich Abstände darin mit den reellen Zahlen $\mathbb{R}$ berechnen lassen. Nimmt man die Zeit t hinzu, kann man es als ($\mathbb{R}^3$, Λ) bezeichnen, mit den Elementen (x, y, z, t).

Offensichtlich liegt in dieser 3+1 – dimensionalen Konstruktion von Raum und Zeit eine Willkür. Warum die Aufspaltung? Warum insgesamt vier Dimensionen? Wieso präsentiert sich die „vierte" Dimension Zeit so anders als die anderen drei? Diese aus konventioneller Sicht nicht zu beantwortenden Fragen machen deutlich, dass man auch die Anzahl dieser Dimensionen, die sich uns vermeintlich präsentieren, anzweifeln muss.[I] Vielmehr wäre es unter dem Gesichtspunkt der Einfachheit auch interessant, eine Dimension weniger zu betrachten.[II] Denn sicher können wir nur sein, dass wir von einer mindestens dreidimensionalen Realität umgeben sind.

Eine sinnvolle Strategie, überhaupt mathematische Strukturen zu finden, welche die Realität abbilden können, wäre wie folgt: beginnend mit den einfachsten Objekten prüfen, ob diese die Beobachtungen abbilden können, und wenn dies ausgeschlossen

---

[I] Damit sind natürlich nicht String-Ansätze gemeint, welche von vielen Dimensionen ausgehen, um dann zu postulieren, dass die meisten von ihnen gar nicht sichtbar sind. Richard Feynman bemerkte dazu lapidar: „Die Stringtheorie produziert keine Vorhersagen, sondern Ausreden".
[II] In diese Richtung gehen auch die Arbeiten von Julian Barbour, der in seinem Buch *The End of Time* die These aufstellt, Zeit sei eine Illusion.

erscheint, die nächstkomplizierteren Objekte zu betrachten, normalerweise in höherer Dimension. Die schwierige Aufgabe lautet daher, ein mathematisches Objekt zu finden, dass hinreichend einfach ist, um für ein naturphilosophisch überzeugendes Abbild der Realität infrage zu kommen, gleichzeitig aber genügend reichhaltige Strukturen enthält, um die vielgestaltigen Phänomene der Natur widerspiegeln zu können.

DER ERSTE SCHRITT DER REVOLUTION

Ich will hier schon verraten, dass diese Strategie zur sogenannten dreidimensionalen Einheitskugel führen wird, eine Mannigfaltigkeit[1] mit geradezu fantastischen Eigenschaften, die selbst unter Mathematikern oft unbekannt sind. Klar ist aber auch, dass die Suche nach einem befriedigenden Abbild der Realität hier zunächst spekulativ wird. Da ein grundlegender Wandel im Weltbild der Physik immense Schwierigkeiten aufwirft, ist dies in diesem frühen Stadium von möglichen visionären Ideen unvermeidlich. Jeder vielversprechende Weg sollte daher gründlich geprüft werden.

Die folgenden Überlegungen zur dreidimensionalen Einheitskugel können sich also bestenfalls als Vision erweisen, welche, wenn ausgearbeitet, vielleicht eines Tages das Paradigma von Raum und Zeit ersetzt. Der zweite Schritt, die mathematische Formulierung, ist wahrscheinlich nur im Ansatz erkennbar. Jedoch haben so viele Eigenschaften dieser dreidimensionalen Einheitskugel einem Bezug zur physikalischen Realität, dass es schwerfällt, dabei an Zufall zu glauben. Insofern ist es sicherlich gerechtfertigt, diesen Weg zu verfolgen; ja es scheint sogar wenig Alternativen zu geben, will man die Realität rational verstehen. Erste Überlegungen appellieren naturgemäß oft an Anschauung

---

[1] Ein mathematischer Oberbegriff für Linien, Flächen, Räume und höherdimensionale Objekte.

10 Mögliche Alternativen für Raum und Zeit

und Intuition. Dafür bitte ich insbesondere Mathematiker um Nachsicht, die strengere Argumentationsketten gewohnt sind, welche diese frühen Gedanken einmal ergänzen sollen.

Es ist unumgänglich, dass ich zuerst ein paar bekannte mathematische Objekte vorstelle. Der damit vertraute Leser kann diese Abschnitte natürlich überblättern, aber mir ist es wichtig, dass auch Nicht-Experten Einblick in diese Strukturen nehmen können, die man durchaus anschaulich erklären kann.

AUF DER SUCHE NACH EINFACHHEIT

Welche mathematischen Strukturen wurden bisher überhaupt zur Beschreibung der Realität verwendet? Was genau bezeichnen Physiker als Materie oder Felder? Natürlich kann eine mathematische Theorie der Realität nicht jene Vielfalt von Feldern wiedergeben, wie sie in der derzeitigen Physik verwendet wird. Nötig ist vielmehr eine in jeder Hinsicht einfache mathematische Struktur.

Auch hier ist ein Blick auf die Geschichte hilfreich. Ein interessantes Beispiel eines Versuchs mathematischer Einfachheit ist die Äthertheorie, die im 19. Jahrhundert die theoretische Physik dominierte und den Ehrgeiz hatte, elektromagnetische Phänomene auf bekannte mechanische Weise zu verstehen. Man stellte sich den Raum als ein elastisches Kontinuum vor, etwa wie ein Block aus (inkompressiblen) Gummi, in dem sich Wellen ausbreiten. Dabei konnten Teilchen durch Unregelmäßigkeiten im Material beschrieben werden.[1] Mathematisch wurde der Äther einfach durch einen Verschiebungsvektor beschrieben, der in

---

[1] Tatsächlich wurde die Beschreibung von Teilchen erst viel später in das Äthermodell integriert, als man in den 1950er Jahren die Theorie der Versetzungen in Kristallen entwickelte. Die Ähnlichkeiten dieser Versetzungstheorie zu einer einheitlichen Theorie von Einstein und Elie Cartan im Jahr 1930 habe ich in arxiv.org/abs/gr-qc/9612061 und arxiv.org/abs/gr-qc/0011064 beschrieben.

jedem Punkt des $\mathbb{R}^3$ (der gerade, „Euklidische", dreidimensionale Raum) den Übergang vom ungestörten zum gedehnten Zustand angab. Unterschiedliche Verschiebungsvektoren in benachbarten Raumpunkten führen dabei zu Verzerrungen oder Diskontinuitäten, welche Wellen hervorriefen bzw. Teilchen beschrieben. Mathematisch bezeichnet man dies als Vektorfeld: in jedem Punkt (x, y, z) des dreidimensionalen Raumes kann man sich einen kleinen Pfeil vorstellen, dessen Richtung ebenfalls durch drei Koordinaten (v_x, v_y, v_z) bestimmt sind. Man spricht von einer Abbildung von $\mathbb{R}^3 \to \mathbb{R}^3$. Stellt man sich ein zeitlich veränderliches Feld vor, handelt es sich um eine Abbildung ($\mathbb{R}^3$, Λ) $\to \mathbb{R}^3$. In ähnlicher Weise beschreibt man beispielsweise das Geschwindigkeitsfeld in einer Flüssigkeit oder das elektrische und magnetische Feld.[1]

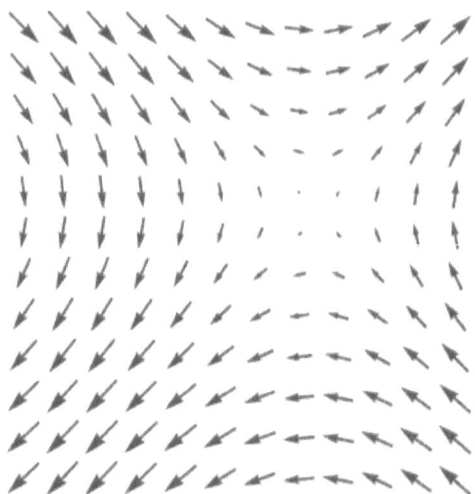

Graphische Darstellung eines zweidimensionalen Vektorfeldes. Bei einem dreidimensionalen Vektorfeld muss man sich in jedem Punkt des Raumes einen entsprechenden Pfeil mit Richtung und Länge vorstellen.

---

[1] Dieses System ($\mathbb{R}^3$, Λ) geht natürlich von den 3+1 Dimensionen der Raumzeit aus.

10 Mögliche Alternativen für Raum und Zeit

Die Äthertheorie des 19. Jahrhunderts hatte insofern einen Anspruch an Einfachheit, als sie die Naturphänomene allein durch den Verschiebungsvektor beschreiben wollte. Historisch ist interessant, dass viele Physiker des 19. Jahrhunderts, wie etwa Lord Kelvin, die neu eingeführten elektrischen und magnetischen Felder als willkürliche Postulate empfanden – vom naturphilosophischen Standpunkt aus hatten sie damit wahrscheinlich Recht, denn dadurch wurde eine der ersten Komplizierungen der Physik, die Aufspaltung in mechanische und elektrische Phänomene zementiert.

Mit dem Maxwellschen Gleichungen etablierte sich jedoch das Konzept des elektrischen Feldes und ab 1905 wurden die Äthertheorien nach und nach aufgegeben – in dieser Form sicherlich auch zu Recht, obwohl zum Beispiel die Theorie des inkompressiblen Äthers des irischen Physikers MacCullagh von 1839, die Teile von Maxwells Theorie vorweggenommen hatte, äußerst interessant ist.[42] Die Äthertheorie ist heute abgelöst von der Elektrodynamik, welche elektrische und magnetische Felder ebenfalls mit Vektoren beschreibt. Da Licht ebenfalls eine elektromagnetische Welle ist, kann man sagen, dass Licht durch Vektorfelder beschrieben wird.

DIE EVOLUTION VON ZAHLENSYSTEMEN

In abstrakter Sprechweise, die jedoch später nützlich sein wird, bezeichnet man ein Vektorfeld auch als Faserbündel. Man kann sich dies ähnlich wie eine Bürste vorstellen, bei der an jeder Stelle des Holzblocks (Basisraum, Bündel) ($\mathbb{R}^3, \Lambda$) eine Bürstenfaser $\mathbb{R}^3$ angeklebt ist. In dieser allgemeinen Sprache lässt sich unser Problem am besten formulieren: welches – möglichst einfache – Faserbündel wäre geeignet, eine komplette Beschreibung der Realität abzugeben? Dieses Objekt müsste sicherlich einige Ähnlichkeit mit Vektorfeldern haben, allerdings genügt dies leider nicht. Denn seit der mathematischen Formulierung der

Teil III: Das mathematische Universum

Quantentheorie[I] durch Schrödinger im Jahr 1925 ist bekannt, dass zur Beschreibung von Materie, im konkreten Fall Elektronen, eine komplexwertige Wellenfunktion nötig ist. Zumindest ist diese Beschreibung sehr erfolgreich. Um ihre besonderen Eigenschaften zu schätzen, müssen wir kurz ausholen.

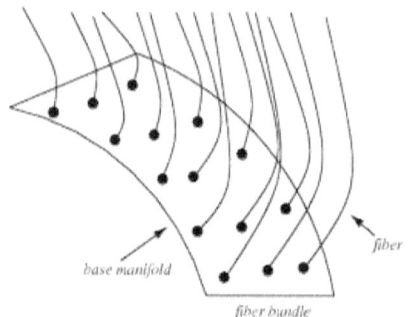

Schematische Darstellung eines Faserbündels

Die reellen Zahlen ℝ bilden ein eindimensionales Kontinuum, das man oft durch eine unendliche durchgehende Linie, den „Zahlenstrahl" veranschaulicht. Weil man mit diesen reellen Zahlen sinnvoll zwei verschiedene Rechenoperationen, Addition und Multiplikation,[II] durchführen kann, nennt man ℝ einen Körper.

Die Erweiterung dieses Konzepts auf zwei Dimensionen ist eigentlich offensichtlich: man stellt sich eine Ebene vor (ℝ²), in der jeder Punkt durch zwei reelle Zahlen (x, y) festgelegt ist, die man sich auch als einen Pfeil mit einer bestimmten Richtung und bestimmter Länge vorstellen kann.[III] Zwei „Pfeile" lassen sich

---

[I] Die Formulierung von Heisenberg 1925 kommt zwar ohne Wellenfunktion aus, ist jedoch zu jener von Schrödinger äquivalent. Man kann daher die Ansicht vertreten, dass komplexe Zahlen in der Natur vorkommen.

[II] Sinnvoll bedeutet hier, dass die 0 (neutrales Element der Addition) von dem Neutralen der Multiplikation 1 verschieden sein muss (sog. Körperaxiome).

[III] Diese ergibt sich aus dem Satz von Pythagoras als $r=\sqrt{x^2 + y^2}$, die Richtung aus $\tan \alpha = y/x$.

10 Mögliche Alternativen für Raum und Zeit

sehr einfach addieren,[1] jedoch nicht so simpel multiplizieren, dass wieder ein gleichartiger Pfeil bzw. ein Punkt in der Ebene herauskommt. Die Erfindung, wie so eine Multiplikation trotzdem sinnvoll definiert werden kann, nennt man komplexe Zahlen (bezeichnet mit $\mathbb{C}$ statt $\mathbb{R}^2$) und wurde vor allem durch den genialen Schweizer Mathematiker Leonhard Euler (1707-1783) entwickelt. Komplexe Zahlen entstanden, weil man Zahlen haben wollte, deren Quadrat negativ ist. Man definierte daher die *imaginäre* Zahl i mit dieser Eigenschaft, also $i^2 = -1$. Damit lässt sich ganz normal rechnen.

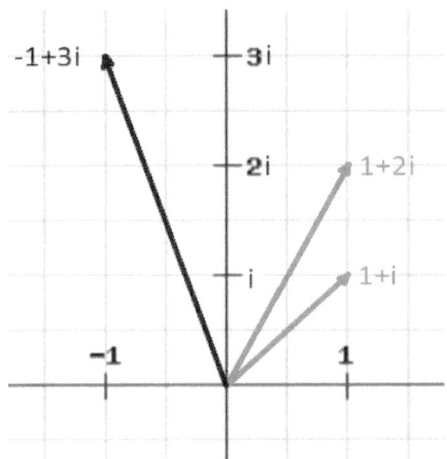

Multiplikation von zwei Zahlen in der komplexen Zahlenebene

Die komplexen Zahlen bestehen aus einer „normalen" reellen Zahl und einem Vielfachen von i. Sie lassen sich als Pfeile in der Ebene veranschaulichen, wobei y als imaginäre Achse verwendet wird. Die Multiplikation lässt sich so mit den üblichen Rechnerregeln und der Definition $i^2=-1$ ausführen (s. Bild): Das Produkt der Zahlen (1+i) und (1+2i) ergibt beispielsweise $(1 \cdot 1+1 \cdot 2i+i \cdot 1+2i^2)$ =(1+3i-2)=(-1+3i). Eine Überraschung zeigt

---

[1] Durch Anlegen des Fußpunktes des einen an die Spitze des anderen; dies entspricht der Addition der Koordinaten.

sich aber, wenn man das Ergebnis geometrisch interpretiert. Die Ausgangszahlen, wie zum Beispiel (1+2i) hatten eine „Länge" (Norm) $\sqrt{1^2 + 2^2} = \sqrt{5}$ und einen Winkel (aus elementarer Geometrie tan α = 2) α=63,4°, und dies scheint auch in dem Produkt durch! Denn wie man leicht feststellt, hat das Ergebnis den Betrag $\sqrt{10}$, also das Produkt der Beträge der Ausgangszahlen, jedoch ergibt sich der Winkel einfach als die Summe der Winkel der Faktoren! Diese Umwandlung einer Multiplikation in eine Addition von Winkeln ist eine besonders faszinierende Eigenschaft der komplexen Zahlen. Allein durch die Forderung nach einer sinnvollen Multiplikation in einem perfekt „geraden" Raum wie dem $\mathbb{R}^2$ kommt notwendig eine Drehung ins Spiel. Pure Mathematik erzeugt hier eine Komplexität, die uns später in noch drastischerer Weise begegnen wird.

WARUM STECKEN DIE KOMPLEXEN ZAHLEN IN DEN ATOMEN?

Warum haben aber die komplexen Zahlen in der konventionellen Quantenmechanik eine so wichtige Rolle eingenommen? Die sogenannte Wellenfunktion eines Teilchens bedeutet nichts anderes, als dass jedem Punkt im dreidimensionalen Raum zu einer bestimmten Zeit eine komplexe Zahl zugeordnet wird.[1] Man beschreibt dies als Abbildung oder auch Faserbündel $(\mathbb{R}^3, \Lambda) \to \mathbb{C}$. Warum reicht nicht eine einfache reelle Zahl für die Beschreibung? Um ein Elektron im Atom zutreffend als Schwingung um den Atomkern herum darstellen zu können, benötigt man ein Zahlensystem, dessen Werte sich von positiv auf negativ ändern können, ohne zwischendurch null zu werden. Wie man leicht sieht, kann man dies in der komplexen Zahlenebene

---

[1] Die Aufenthaltswahrscheinlichkeit eines Teilchens ist dann zu dem Quadrat des Betrages der komplexen Zahl proportional.

10 Mögliche Alternativen für Raum und Zeit

dadurch erreichen, indem man auf einem Kreis um den Ursprung (0|0) herumläuft.[I]

Dieser Formalismus, den ich hier nur kurz angedeutet habe, ist bei der Beschreibung von Elektronen im Wasserstoffatom äußerst erfolgreich, scheitert jedoch, wenn man weitere Teilchen betrachtet. Denn in der konventionellen Quantenmechanik wäre eine komplexwertige Wellenfunktion nötig, die die Koordinaten von Teilchen verschiedener Sorte enthält. Die unnatürliche Vielfalt der Teilchen des Standardmodells würde sich mit dieser Methode unweigerlich fortpflanzen. Wenn wir nach einer naturphilosophisch befriedigenden Lösung suchen, kann in einem Raumzeitpunkt ($\mathbb{R}^3$, Λ) (wenn wir dieses Konzept vorläufig behalten wollen) aber sicher nur ein einziges Objekt „leben", auch wenn es vielleicht aus einer etwas anspruchsvolleren Menge als $\mathbb{C}$ entstammt. Denn eine einzige Abbildung ($\mathbb{R}^3$, Λ) $\rightarrow$ $\mathbb{C}$ ist offenbar unzureichend, die reichhaltigen Phänomene zu beschreiben. Gleichwohl muss die Beschreibung von Materie etwas Ähnliches wie die komplexen Zahlen enthalten.[II]

Der niederländische Physiker Paul Ehrenfest wunderte sich[43] schon in den 1930er Jahren, warum die Wellenfunktionen für Materie (komplexe Zahlen) und Licht (Vektorfelder) mathematisch so unterschiedlich sind. Diese profunde Frage wird bis heute in ihrer Bedeutung unterschätzt. Wenn man tatsächlich einer vereinheitlichenden Vision folgt und die Phänomene von Licht und Materie in einem einzigen Formalismus vereinigen will, benötigt man ein Objekt, das einerseits etwas komplizierter sein muss als Vektorfelder oder komplexe Zahlen, andererseits aber auch deren

---

[I] In der Tat kann man sich durch Multiplikation mit den Zahlen $e^{i\varphi}$ beliebig auf dem Einheitskreis S^1 bewegen.

[II] Der amerikanische Physiker David Hestenes hat in seinem Buch *Space-Time-Algebra* eine äußerst interessante Interpretation der komplexen Zahlen vorgeschlagen, die sich auch aus rein reellen differenzialgeometrischen Begriffen ergeben können. Dies würde uns allerdings hier zu weit führen.

Eigenschaften widerspiegelt. Beide kann man als Faserbündel betrachten, daher verwenden wir diesen Begriff.

GEISTESBLITZ NACH ZEHN JAHREN NACHDENKEN

Wir benötigen also als Faser ein etwas reichhaltigeres Objekt als $\mathbb{R}^3$ bzw. $\mathbb{C}$, gleichzeitig hatten wir auch das Bündel ($\mathbb{R}^3$, Λ), also Raum und Zeit, als ein willkürliches Objekt identifiziert, das vielleicht nach einer mathematisch eleganteren Alternative verlangt.

Der Ire William Rowan Hamilton war wahrscheinlich einer der genialsten Mathematiker aller Zeiten. Das Wunderkind, das im Alter von zwölf Jahren schon ebenso viele Sprachen beherrschte, wandte sich bald der Mathematik zu und natürlich auch den komplexen Zahlen. Wenn man in zwei Dimensionen auf so verblüffende Weise eine Multiplikation definieren konnte, war dies denn auch in drei Dimensionen möglich? Hamilton verbrachte mehr als zehn Jahre seines Lebens mit dem Nachsinnen über diese Frage, und der Legende nach wurde er jahrelang beim Frühstück von seinem Sohn mit der Frage begrüßt: „Papa, weißt du schon, wie man Tripel multipliziert?"

Am 16. Oktober 1843 fiel Hamilton bei einem Spaziergang in Dublin endlich die Antwort ein. In drei Dimensionen war es tatsächlich unmöglich, jedoch erkannte er in diesem Moment, dass man die raffinierte Multiplikation der komplexen Zahlen auf ein vierdimensionales Zahlensystem übertragen konnte, welches statt einer imaginären Einheit i über drei imaginäre Einheiten i, j, k verfügte. Ob Hamilton dabei die faszinierenden Rotationen, die sich dabei ergeben, schon im Kopf hatte, wissen wir nicht. Von seinem Einfall überwältigt, ritzte er jedenfalls die definierenden Gleichungen in den Stein einer nahegelegenen Brücke:

$$i^2 = k^2 = j^2 = i \cdot j \cdot k = -1.$$

10 Mögliche Alternativen für Raum und Zeit

William Rowan Hamilton (1805-1865)

So kann man es heute noch auf einer Gedenktafel an der *Brougham Bridge* in Dublin lesen.[1] Die neuen Zahlen wurden Quaternionen genannt, und in Analogie zu den komplexen Zahlen (a+bi) in der Notation (a+bi+cj+dk) geschrieben, wobei a, b, c und d reelle Zahlen sind und i, j und k die erwähnten komplexen Einheiten. Das Problem der Multiplikation, das Hamilton in drei Dimensionen lösen wollte, benötigte schließlich vier Dimensionen. Dennoch gibt es eine besonders interessante dreidimensionale Teilmenge der Quaternionen, die durch den Zusammenhang $a^2+b^2+c^2+d^2=1$ definiert sind und Einheitsquaternionen

---

[1] Hamilton widmete den Rest seines Lebens dem Studium der Quaternionen, in der Überzeugung, dass sie eine wesentliche Rolle in der Naturbeschreibung spielen.

Teil III: Das mathematische Universum

genannt werden (ähnlich wie die komplexen Zahlen[1] vom Betrag eins). Hamilton nannte sie *Versor* („Dreher").

Der Autor an der Brougham Bridge in Dublin mit einem Buch über Quaternionen. Leider ist dieser historisch bedeutende Ort heute etwas unansehnlich geworden. Die Tafel musste sogar versetzt werden, um weiteren Graffiti-Schmierereien zu entgehen.

QUATERNIONEN GEGEN VEKTOREN

Hier können wir zum ersten Mal verstehen, warum dieses Objekt dreidimensionale Einheitskugel (S^3) genannt wird. Nach dem Theorem von Pythagoras wird in zwei Dimensionen durch die Gleichung $x^2+y^2=1$ ein Kreis beschrieben, dessen Linie natürlich nur eine Dimension hat. Mathematiker, die gerne verallgemeinern, bezeichnen einen Kreis daher als „eindimensionale Einheitskugel" oder kurz S^1. Analog nennt man eine der Erdoberfläche ähnliche Kugelform S^2, welche in drei Dimensionen durch die Gleichung $x^2+y^2+z^2=1$ definiert ist. Entsprechend benötigen

---

[1] Der Betrag einer komplexen Zahl a+ bi ist eins, wenn gilt: $a^2+b^2=1$.

10 Mögliche Alternativen für Raum und Zeit

wir zur Vorstellung der dreidimensionalen Einheitskugel $a^2+b^2+c^2+d^2=1$ eigentlich vier Dimensionen. Wir werden aber später trotzdem einen Trick vorstellen, der diese S^3 gut veranschaulicht. Für den mathematisch interessierten Leser seien nun einige Rechenregeln mit den Quaternionen erwähnt (s. Kasten). Dabei fällt auf, dass ein Quaternion (a, b, c, d) sinnvollerweise in einen Realteil (a) und drei Imaginärteile (b, c, d) aufgespalten werden kann,[1] eine Sichtweise, die Rechnungen vereinfacht und veranschaulicht.

> Die Regel für die Multiplikation der Quaternionen lautet $(a_1, b_1, c_1, d_1)\cdot(a_2, b_2, c_2, d_2)$ =(a_1a_2-b_1b_2-c_1c_2-d_1d_2, a_1b_2+b_1a_2+c_1d_2-d_1c_2, a_1c_2-b_1d_2+c_1a_2+d_1b_2, a_1d_2+b_1c_2-c_1b_2+d_1a_2), was etwas unübersichtlich wirkt. Interessanterweise lässt sich das Produkt auch schreiben, wenn man die aus der Vektorrechnung bekannten Skalar- und Kreuzprodukte verwendet (siehe nächster Kasten). Man zerlegt dabei ein Einheitsquaternion (a, b, c, d) in einen Realteil a und einen Vektor $\vec{u}$ = (b, c, d). Dann gilt:
>
> $$(a_1, \vec{u_1}) \cdot (a_2 \vec{u_2}) = (a_1 a_2 - \vec{u_1} \cdot \vec{u_2}, a_1 \vec{u_2} + a_2 \vec{u_1} + \vec{u_1} \times \vec{u_2}).$$
>
> Es ist interessant, dass aus rein mathematischen Gründen hier eine 3+1– dimensionale Struktur sichtbar wird.

Obwohl wir diese 3+1-dimensionale Struktur nicht direkt mit Raum und Zeit identifizieren können, ist es doch bemerkenswert, dass diese Aufteilung eine rein mathematische Eigenschaft ist. Hamilton nannte den Imaginärteil (b, c, d) eines Quaternions *Vektor*. Weil die Rechnungen mit Quaternionen nicht einfach waren, entfalteten jene Vektoren, obwohl eigentlich aus den Quaternionen entstanden, ein Eigenleben. Vor allem der amerikanische Mathematiker Josiah Willard Gibbs entwickelte später die heutige Vektoranalysis (mit den Operatoren *Div*, *Grad* und *Rot*),

---

[1] Zwar ist dabei a als Realteil willkürlich gewählt, aber die 1+3-Struktur liegt dennoch in den Quaternionen.

die infolge ihrer Beschreibung der elektrischen und magnetischen Felder in der Maxwellschen Elektrodynamik eine überragende Bedeutung gewann. Demgegenüber spielen die Quaternionen heute eine untergeordnete Rolle; den historischen Streit um die praktischere Darstellung haben die Vektoren zweifellos für sich entschieden, wovon folgende polemische Äußerung zeugt:

> *„Hamilton hat Quaternionen erfunden, nachdem seine wirklich gute Arbeit bereits getan war. Und, obwohl von genialer Schönheit, haben sie sich als sein reines Teufelszeug für alle erwiesen, die sie angefasst haben, einschließlich Maxwell."*
> *– Lord Kelvin, 1892*

In der Vektoranalysis haben sowohl das Skalarprodukt $\vec{a} \cdot \vec{b} = (a_1b_1+a_2b_2+a_3b_3)$ als auch das Kreuzprodukt $\vec{a} \times \vec{b} = (a_2b_3-a_3b_2, a_3b_1-a_1b_3, a_1b_2-a_2b_1)$ überragende Bedeutung in der gesamten Physik erlangt. In Kombination mit den Differenzialoperatoren Divergenz und Rotation, die sich aus Ableitungen der einzelnen Komponenten (a_1, a_2, a_3) zusammensetzen und die Quell- bzw. Wirbelstärke eines Feldes angeben, lassen sich so zum Beispiel die Maxwellschen Gleichungen elegant formulieren. Ein weiterer Operator (Gradient) gibt die 3-dimensionale Ableitung eines skalaren Feldes als Vektor an. Obwohl die Vektoranalysis einige Nachteile etwa gegenüber den Differenzialformen besitzt, hat sie sich in vielen Gebieten als praktische Notation durchgesetzt.

Nur um die interessante Verbindung aufzuzeigen, betrachte man die quaternionische Multiplikation (s. oben) eines raumzeitlichen Ableitungsvektors mit dem Potenzial:

$$\left(\frac{\partial}{\partial t}, \vec{\nabla}\right) \times (\phi, \vec{A}) = \frac{\partial \phi}{\partial t} - \vec{\nabla} \cdot \vec{A} \frac{\partial \vec{A}}{\partial t} + \vec{\nabla}\phi + \vec{\nabla} \times \vec{A}$$

Die beiden letzten Terme ergeben dann die bekannten Ausdrücke für die elektrischen und magnetischen Felder $\vec{E}$ und $\vec{B}$.

10 Mögliche Alternativen für Raum und Zeit

Vielleicht nicht nur historisch hochinteressant ist, dass Maxwell selbst versucht hatte, seine Gleichungen mit Hilfe der Quaternionen zu formulieren.[44] Einige Autoren haben jüngst diese Gedanken aufgegriffen.[45]

> *Nehmen Sie Hamiltons Quaternionen: die Physiker warfen das meiste dieses sehr mächtigen mathematischen Systems weg und behielten den Teil – den mathematisch trivialen Teil – der zur Vektoranalysis wurde. Aber als die ganze Kraft der Quaternionen für die Quantenmechanik benötigt wurde, erfand Pauli das System in einer neuen Form neu. Jetzt können Sie zurückblicken und sagen, dass Paulis Spin-Matrizen und Operatoren nichts anderes als Hamiltons Quaternionen waren – Richard Feynman*

VIER ODER DREI DIMENSIONEN?

> *Somehow quaternions are a fundamental building block of the physical universe.*[46] *– William Hamilton*

Kehren wir jedoch zu der naturphilosophischen Frage zurück, welche mathematische Struktur alle physikalischen Phänomene beschreiben könnte, sind die Quaternionen eine herausragend einfache Möglichkeit. Da sie sowohl die komplexen Zahlen als Untermenge enthalten, als auch die Vektoranalysis darstellen können, wären sie prinzipiell geeignet, alle Zahlensysteme abzubilden, welche die Physiker zur Beschreibung von Licht und Materie verwendet haben. Auch hier scheint der Bezug zur unerklärten Konstante des Lichts, c, und der Konstante h der Materie durch, deren unvollkommenes Verständnis sich bis in die mathematischen Formalismen eingeschlichen hat.

Beschränkt man sich unter den Quaternionen auf die Einheitsquaternionen, geht die Körpereigenschaft, nach der Hamilton gesucht hatte, wieder verloren; es gibt nur mehr eine Multiplikation, aber keine Addition. Dies hat wiederum eine Reihe von subtilen

Konsequenzen, welche die mathematische Beschreibung alles andere als einfach machen. Dennoch sind die Einheitsquaternionen, äquivalent[I] zur dreidimensionalen Einheitskugel S^3, wie wir noch sehen werden, ein außergewöhnliches Objekt, dessen reichhaltige Eigenschaften in vieler Hinsicht physikalische Gesetze widerspiegeln.

Gerade weil die herkömmliche vierdimensionale „Raumzeit" ein so irreführendes Konzept ist, besteht wenig Hoffnung, sie mit den Quaternionen, die natürlicherweise vierdimensional sind, direkt zu identifizieren.[II] Die herausragend interessanten Eigenschaften der Quaternionen, welche an physikalische Phänomene erinnern, finden sich dagegen auch schon in den Einheitsquaternionen.

[I] Genau gesagt, homöomorph zur S^3. Ebenso sind die Quaternionen nicht ganz ein Körper, sondern ein sogenannter Schiefkörper.
[II] Lediglich der Formalismus der quantenmechanischen Wellenfunktion scheint einfacher mit den vierdimensionalen Quaternionen zu realisieren. Zweifel verbleiben jedoch, wie fundamental dieser ist.

11 Die dreidimensionale Einheitskugel – voll Überraschungen

In diesem Kapitel werde ich die faszinierenden Eigenschaften der dreidimensionalen Einheitskugel S^3 näher vorstellen. Dazu ist eine gewisse Konzentration auf die Mathematik nötig, die erst später mit den physikalischen Phänomenen in Bezug gesetzt wird. Natürlich geschieht aber das Studium dieser einfachsten dreidimensionalen Mannigfaltigkeit nicht ohne Grund. Vielmehr liegt es aus den im letzten Kapitel genannten Gründen sehr nahe, dass S^3 eine gewichtige Rolle in der Naturbeschreibung spielt. Wir werden am Ende des Kapitels sehen, wie der Eindruck einer 3+1-dimensionalen Raumzeit auch durch eine dreidimensionale Mannigfaltigkeit wie die S^3 allein entstehen kann, konzentrieren uns jedoch zunächst auf die mathematischen Eigenschaften.

Die ursprünglich vierdimensionalen Quaternionen wurden durch die Gleichung $a^2+b^2+c^2+d^2=1$ auf drei Dimensionen reduziert, indem man nur Zahlen mit dem Betrag eins betrachtete. In ähnlicher Weise war die S^1, eine einfache Kreislinie, aus den komplexen Zahlen mit der Bedingung $x^2+y^2=1$ entstanden. Statt der beiden Rechenarten Addition und Multiplikation gibt es dadurch nur mehr eine, welche man wahlweise durch Addition von Winkeln (φ) auf dem Einheitskreis S^1 oder durch Multiplikation mit dem komplexen Faktor $e^{i\varphi}$ schreiben kann. Analog gilt dies auch für die S^3. Man bezeichnet so eine Struktur als Gruppe.[1]

---

[1] In einer Gruppe muss ein neutrales Element 1 existieren und zu jedem Element a muss ein Inverses a^{-1}, so dass gilt: $a^{-1}a=1$. Weiter muss das Assoziativgesetz gelten, d.h. (ab)c = a(bc).

Man könnte nun befürchten, die S^3, die nur durch eine Gleichung in einem vierdimensionalen Raum definiert wurde, sei praktisch nicht zu veranschaulichen. Glücklicherweise ist dies nicht der Fall. Es stellt sich heraus, dass die S^3 „fast" das gleiche ist wie ein bekanntes Instrument der Mathematik, nämlich die Rotationen im dreidimensionalen Raum, genannt SO(3), die ebenfalls eine Gruppe bilden. Obwohl dies vielen Mathematikern und Physikern bekannt ist, denke ich doch, die meisten wundern sich nicht genug über diese Parallele, die alles andere als selbstverständlich ist. Es ist äußerst bemerkenswert, dass S^3 einem Objekt unserer konventionellen Wahrnehmung so ähnelt, und erst recht wird interessant sein, mit welcher Subtilität sich S^3 von diesen bekannten Rotationen unterscheidet, die wir zunächst betrachten.

FAST WIE DIE BEKANNTEN DREHUNGEN

Anschaulich gesprochen, kann man in drei Dimensionen jedes ausgedehnte Objekt um drei verschiedene Achsen drehen[I]. Umgekehrt kann jede beliebige Orientierung eines Gegenstandes im Raum durch eine Drehung um eine bestimmte Achse in den Ausgangszustand zurückgeführt werden. Sie erkennen daraus, dass die Drehungen im dreidimensionalen Raum ein dreidimensionales Zahlensystem sind.[II]

Wichtig wird später vor allem werden, dass das Ergebnis von zwei aufeinanderfolgenden Drehungen von der Reihenfolge abhängt. Sie können sich dies mit einem Alltagsgegenstand, etwa einem Buch, veranschaulichen, indem sie ihn nacheinander um

---

[I] In der Luftfahrt als *roll*, *pitch* and *yaw* bekannt.
[II] Das ist keineswegs selbstverständlich. So sind Drehungen im zweidimensionalen Raum durch einen einzigen Winkel zu beschreiben, also eindimensional. In einem vierdimensionalen Raum beispielsweise kann man dagegen um sechs verschiedene Achsen drehen, was den möglichen Paaren unter den vier Raumrichtungen entspricht.

11 Die dreidimensionale Einheitskugel – voll Überraschungen

jeweils 90° um eine Ost-West Achse bzw. Nord-Süd Achse drehen. Das gleiche gilt für Elemente aus der S^3. Man sagt daher, S^3 und SO(3) sind nicht „kommutativ". Hier wird klar: wir haben es mit einer härteren Nuss zu tun, denn für „normale" Zahlen galt ja wie selbstverständlich 3 × 5 gleich 5 × 3 (auch für die komplexen Zahlen). Umgekehrt macht dies gerade die S^3 interessant.

Die übliche Darstellung von Drehungen im dreidimensionalen Raum erfordert tatsächlich ein Zahlenschema von 3×3 Einträgen, das man Matrix nennt. Im Kasten finden Sie ein einfaches Beispiel dafür, wie etwa der Einheitsvektor in z-Richtung (0,0,1) um die x-Achse mit dem Betrag von 90° gedreht wird, sodass er nun in negative y- Richtung zeigt (0,-1,0).

> Multiplikation einer Matrix mit einem Vektor: Der Spaltenvektor wird dabei „flachgelegt" und mit der jeweiligen Zeile der Matrix multipliziert. Analog wird bei der Matrixmultiplikation eine Matrix als drei Spaltenvektoren aufgefasst. Beispiel einer einfachen Drehung um 90° (cos 90° =0 und sin 90°=1):
>
> $$\begin{pmatrix} 1 & 0 & 0 \\ 0 & 0 & -1 \\ 0 & 1 & 0 \end{pmatrix} \cdot \begin{pmatrix} 0 \\ 0 \\ 1 \end{pmatrix} = \begin{pmatrix} 1\cdot 0 + 0\cdot 0 + 0\cdot 1 \\ 0\cdot 0 + 0\cdot 0 - 1\cdot 1 \\ 0\cdot 0 + 1\cdot 0 + 0\cdot 1 \end{pmatrix} = \begin{pmatrix} 0 \\ -1 \\ 0 \end{pmatrix}.$$
>
> Ist der Drehwinkel nicht 90°, sondern α, würde die Matrix lauten: $\begin{pmatrix} 1 & 0 & 0 \\ 0 & \cos\alpha & -\sin\alpha \\ 0 & \sin\alpha & \cos\alpha \end{pmatrix}$.
>
> Multipliziert man dagegen drei Matrizen mit Drehungen um drei Achsen um jeweils den Winkel α, β, γ, so ergibt sich folgendes Ergebnis (Euler-Matrizen):
>
> $$\begin{pmatrix} \cos\alpha\cos\gamma - \sin\alpha\cos\beta\sin\gamma & -\cos\alpha\sin\gamma - \sin\alpha\cos\beta\cos\gamma & \sin\alpha\sin\beta \\ \sin\alpha\cos\gamma + \cos\alpha\cos\beta\sin\gamma & -\sin\alpha\sin\gamma + \cos\alpha\cos\beta\cos\gamma & -\cos\alpha\sin\beta \\ \sin\beta\sin\gamma & \sin\beta\cos\gamma & \cos\beta \end{pmatrix}$$

Eine beliebige Drehung dagegen kann man sich als sukzessives Ausführen von drei Drehungen um vorher festgelegte Achsen vorstellen. Wenn man die drei entsprechenden Matrixmultiplikationen durchführt (es kommt auch auf die Reihenfolge an), ergibt sich schon eine ziemlich komplizierte Drehmatrix, die zum ersten Mal von Leonhard Euler berechnet wurde. Will man die Elemente der Drehmatrix abspeichern, benötigt man dafür immerhin neun Zahlen.

ROTATIONEN VEREINFACHT

Wesentlich anschaulicher wird eine Drehung im dreidimensionalen Raum, wenn man sie sich mit *einem* Winkel φ und einer Drehachse vorstellt. Die Achse ist festgelegt durch Einheitsvektor mit den Komponenten (e_1, e_2, e_3), alternativ als Raumrichtung mit dem Azimutwinkel δ und Polarwinkel θ wie in der Astronomie. Der *Betrag* der Drehung φ ist allerdings nicht eindeutig, denn Drehungen um 180° und -180° ergeben das gleiche Resultat.

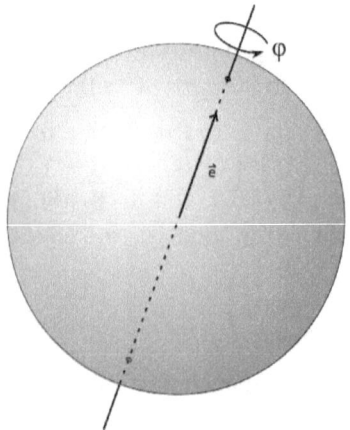

Darstellung einer Drehung mit einem Drehwinkel φ um eine Drehachse, die durch einen Einheitsvektor (e_1, e_2, e_3) bestimmt wird.

Überraschenderweise zeigt sich, dass man die gleiche Information auch in den vier Komponenten (a, b, c, d) eines Einheitsquaternions der S^3 unterbringen kann. Daraus lassen sich Drehachse und Drehwinkel sogar viel bequemer ablesen, als aus der komplizierten Euler-Matrix mit neun Einträgen. Für eine Reihe

11 Die dreidimensionale Einheitskugel – voll Überraschungen

von technischen Anwendungen (Flugnavigation, Raumfahrt) oder sogar für die Entwickler von Computerspielen, die dreidimensionale Ansichten programmieren müssen, bietet dies enorme Vorteile, die uns natürlich hier nicht primär interessieren.

> Die Drehung im dreidimensionalen Raum um eine beliebige Achse mit einen Winkel φ wird in einer Matrix dargestellt, indem man einen Einheitsvektor $e = (e_1, e_2, e_3)$ so multipliziert, dass ein anderer Einheitsvektor $f = (f_1, f_2, f_3)$ herauskommt. Dies leistet aber ebenso eine Doppelmultiplikation von rechts und links mit dem Einheitsquaternion $q = (a, b, c, d)$, also: $q^{-1} e q = f$, wobei $q^{-1} = (q, -b, -c, -d)$ das konjugiert Komplexe von q genannt wird. Drehachse und Drehwinkel lassen sich dabei bequem ablesen, denn es gilt: $(a, b, c, d) = (\cos\frac{\varphi}{2}, \sin\frac{\varphi}{2} e_1, \sin\frac{\varphi}{2} e_2, \sin\frac{\varphi}{2} e_3)$.
>
> Durch die zweifache Multiplikation von rechts und links mittels q und q^{-1} summieren sich die halben Drehwinkel in der Formel zum ganzen φ auf. Wir kommen auf diesen wichtigen Punkt noch zurück.

Auch bei Mathematikern, die durch jahrelangen Umgang mit solchen Umformungen versiert sind, ist es fraglich, inwieweit sich wirklich ein anschauliches Verständnis ausbildet. Umso wertvoller sind die Visualisierungen, die der Computerexperte Ben Eater erstellt hat, aus denen man „durch Hinschauen" erkennen kann, wie mittels Multiplikation in der S^3 tatsächlich räumliche Drehungen entstehen.

VIER DIMENSIONEN IN DREIEN SICHTBAR

Wechseln wir also für einen Moment von den mathematischen Eigenschaften zu einem Werkzeug der Veranschaulichung, das bei weiteren Einsichten helfen kann. Um die bewegten Bilder von Ben Eater zu genießen, müssen Sie sich allerdings mit einer Methode vertraut machen, welche er ebenfalls visualisiert hat, die aber auch hier erklärt werden kann. Es handelt sich um die sogenannte stereographische Projektion.

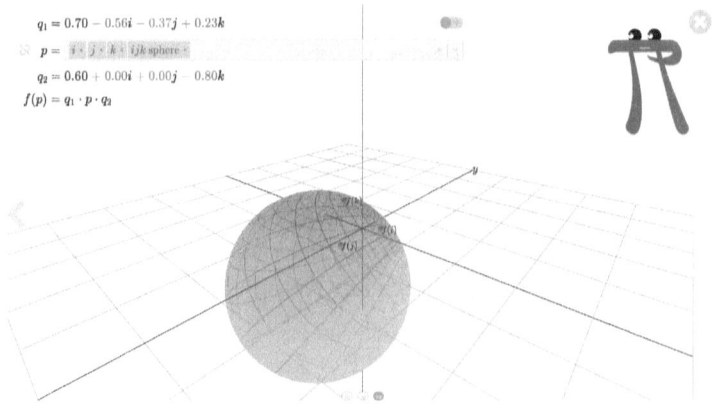

Visualisierung auf dem Kanal von Ben Eater.[47] Das Besondere an diesen Videos ist, dass sie interaktiv sind, d.h. man kann selbst gewählte Beispiele von Drehungen visualisieren.

Das Problem der Anschauung liegt allgemein darin, dass die S^3 durch eine Gleichung im vierdimensionalen Raum definiert wurde, man sagt auch, in diesen „eingebettet" ist, während unsere Vorstellung leider auf drei Dimensionen begrenzt ist. Allerdings hatten Kartographen von jeher ein verwandtes Problem: wie bildet man die gekrümmte Erdoberfläche, die ja in einen dreidimensionalen Raum eingebettet ist, auf einen Atlas ab, also zwei Dimensionen auf Papier? Einfach zu verstehen, wenn auch grob verzerrend, ist dabei die stereographische Projektion. Man stellt sich vor, die Ebene schneide die Kugel gerade in der Äquatorebene. Sticht man nun vom Nordpol aus mit einer geraden Nadel durch einen beliebigen Punkt der Erdoberfläche, so wird diese Nadel bzw. ihre Verlängerung auch durch die Ebene stechen.

Die Südhalbkugel wird dadurch auf die Einheitsscheibe abgebildet und dabei mäßig verzerrt und verkleinert, so dass die gezeichneten Ländergrenzen halbwegs realistisch aussehen. Man

11 Die dreidimensionale Einheitskugel – voll Überraschungen

erkennt nun aber, dass der Rest der unendlich ausgedehnten Ebene für die Nordhalbkugel reserviert ist, und es wird schnell klar, dass beispielsweise die Projektion von Grönland, die vom Nordpol aus in einem sehr flachen Winkel erfolgt, dieses unförmig und ziemlich weit weg erscheinen ließe. Schließlich wird der Nordpol selbst überhaupt nicht mehr abgebildet, sondern mit dem „unendlich entfernen Punkt" identifiziert. Durch diese etwas primitive stereographische Projektion haben wir also eine Abbildung der Erdoberfläche, welche die dritte Dimension nicht mehr benötigt, wenn auch um den Preis einer gewaltigen Verzerrung.

2-dimensionale Version der stereographischen Projektion, hier in einer modifizierten Art, bei der der Südpol auf der Ebene aufliegt, was kein prinzipieller Unterschied ist.

Der Vorteil an der stereographischen Projektion ist, dass sie sich in jeder Dimension anwenden lässt, also auch zur Veranschaulichung der S^3. Als Anschauungsraum benutzen wir jetzt natürlich nicht eine zweidimensionale Ebene, sondern den flachen dreidimensionalen Raum. Wenden wir das gleiche Prinzip an, so können wir beispielsweise eine Vollkugel um den Ursprung (0|0|0) als ziemlich brauchbares Abbild der „Südhemisphäre" der S^3 (a<0) betrachten. Eine weitere interessante Eigenschaft dieser Abbildung (die wir hier allerdings nicht beweisen)

Teil III: Das mathematische Universum

ist die sogenannte Winkeltreue. Das bedeutet, die Kreise in der S^3 werden ebenfalls wieder auf Kreise abgebildet.

DIE HALBE WAHRHEIT

Wenn man sich klar macht, dass (-1, 0, 0, 0) dem Ursprung entspricht und die drei komplexen Zahlen i, j, k der Quaternionen einfach die herkömmlichen Einheitsvektoren in x-, y- und z-Richtung darstellen, fällt es leichter zu sehen,[1] warum in der Quaternionen-Darstellung der Drehungen im dreidimensionalen Raum immer nur der halbe Drehwinkel erscheint: Sie besteht aus zwei Einzeldrehungen, die sich teilweise kompensieren, teilweise jedoch zum vollen Winkel addieren.

Dies rührt daher, dass sich Operationen in der S^3 auch als die Kombination von zwei komplexwertigen Drehungen auffassen lassen, was zu einer weiteren interessanten Darstellung der S^3 führt.[48]

> Komplexwertige Drehungen werden Elemente von SU(2) genannt und in komplexwertigen Matrizen der Art
>
> $$\begin{pmatrix} a + bi & c + di \\ -c + di & a - bi \end{pmatrix}$$
>
> geschrieben, welche die Determinante 1 haben. Dies klingt schlimmer als es ist, es bedeutet wegen $i^2 = -1$ nur, dass der Term (a+bi)(a-bi)−(c+di)(-c+di)= $a^2+b^2+c^2+d^2=1$ ist. An dieser Gleichung erkennt man, dass SU(2) äquivalent zur dreidimensionalen Einheitskugel S^3 ist, eine Bezeichnung, bei der ich wegen der größeren Anschaulichkeit bleibe.

Kommen wir hier wieder zu einer der elementaren Eigenschaften der S^3, die sich auch abstrakt verstehen lässt. Jeder realen Drehung im dreidimensionalen Raum entsprechen zwei

---

[1] Ich empfehle nochmals nachdrücklich die Animationen von Ben Eater.

11 Die dreidimensionale Einheitskugel – voll Überraschungen

Punkte auf der S^3. So drücken beispielsweise (a, b, c, d) und (-a, b, c, d) die gleiche Drehung aus. In faszinierender Weise bildet also die S^3 die uns wohlbekannten Drehungen SO(3) zweifach ab – Mathematiker nennen dies eine doppelte Überdeckung, eine Eigenschaft, deren physikalische Interpretation später ins Auge springen wird. Vorher lohnt es sich aber, genauer zu betrachten, warum S^3 doch nicht das gleiche wie SO(3) ist und wie sich die beiden Mannigfaltigkeiten genau unterscheiden. Machen Sie dazu unbedingt folgendes Experiment selbst:[49]

DER TELLERTRICK

Halten Sie einen Teller auf der flachen rechten Hand vor sich, und betrachten Sie der Einfachheit halber Drehungen um eine vertikale Achse, sodass nichts aus dem Teller herausfallen kann. Drehen Sie nun den Teller um 360°, d. h. ziehen sie ihn im Gegenuhrzeigersinn zunächst zu ihrer Hüfte, um ihn dann mit einer Verrenkung nach hinten und außen wieder in die ursprüngliche Position zu drehen – ständig gegen den Uhrzeigersinn, wonach Sie sich freilich mit verdrehtem Arm in einer äußerst unbequemen Position wiederfinden, die bald einen Muskelkrampf hervorrufen wird. Können Sie sich vorstellen, den Teller um weitere 360 Grad *gegen* den Uhrzeigersinn zu drehen? Es scheint, dass ich Ihnen den Ellenbogen brechen wollte. Verblüffenderweise können Sie dies aber ganz einfach ausführen, wenn sie in der zunächst unbequemen Position den Oberkörper zurücklehnen, den Teller etwas anheben und die nachfolgende Drehung über dem Kopf vollenden, sodass sie den Teller nun wie am Anfang in der Hand halten. Sie haben nun am eigenen Leib den Unterschied zwischen S^3 und SO(3) wahrgenommen. Die Anfangsposition und die unbequeme Position in der Mitte entsprach dem gleichen Zustand im dreidimensionalen Raum. Der Teller war ja um 360° gedreht worden, hat diesen also überhaupt nicht verändert! Es handelte sich insofern um ein einziges Element von SO(3), aber um zwei dazugehörige Elemente von S^3 – die bequeme und die und unbequeme Position mit dem verdrehten Arm!

VERWICKLUNGEN UND AUFLÖSUNGEN

Wenn Sie dieses Experiment im Gedächtnis behalten, werden Sie das wichtigste Werkzeug besser verstehen, das Mathematiker zur Unterscheidung von Mannigfaltigkeit verwenden: den sogenannten Zusammenhang oder, abstrakter, die erste Homotopiegruppe. Betrachten wir dazu zur Veranschaulichung einen geschlossenen Weg auf der S^2, also der normalen Kugeloberfläche (siehe Bild).

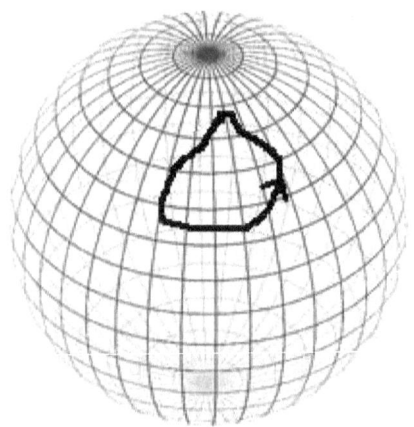

Eine zweidimensionale Kugeloberfläche wird S^2 genannt. Offenbar ist jeder geschlossene Weg zu einem Punkt zusammenziehbar.

Jeder geschlossene Weg auf dieser Oberfläche lässt sich stetig, also durch kleine Änderungen, auf einen Punkt zusammenziehen. Sie werden das vielleicht selbstverständlich finden, aber folgende Abbildung zeigt eine zweidimensionale Fläche, die nur leicht komplizierter ist, nämlich ein Torus, auf der dies eben nicht geht. Es gibt dort zwei prinzipiell verschiedene Wege, die sich nicht zusammenziehen lassen: die, die das innere Loch

11 Die dreidimensionale Einheitskugel – voll Überraschungen

umrunden, und jene die durch dieses hindurch einen kleineren Kreis vollenden.

Beide Arten kann man noch in verschiedenen Richtungen beliebig oft umrunden.[1] Die Homotopiegruppe besteht daher aus dem „direkten Produkt" von zwei ganzen Zahlen: $\mathbb{Z} \times \mathbb{Z}$. Auf der normalen Kugeloberfläche dagegen sind alle Wege gleich, was man als „triviale" Homotopiegruppe bezeichnet.

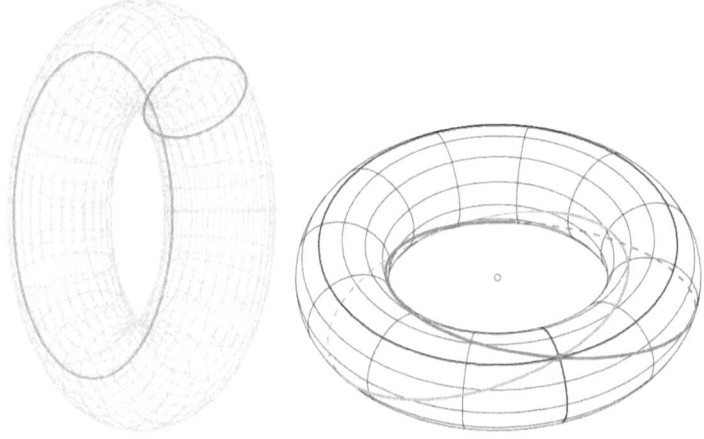

Torus mit zwei prinzipiell unterschiedlichen, nicht zusammenziehbaren Wegen (links). Kombination dieser Wege (rechts).

Man lernt daraus, dass offenbar nur einfache Mannigfaltigkeiten eine triviale Homotopiegruppe haben, umgekehrt diese aber recht schnell kompliziert werden kann. Erinnern wir uns an das Tellerexperiment: Wie Sie an der unangenehmen Position bemerken, ist die Gruppe der Drehungen im dreidimensionalen Raum SO(3) gerade nicht zusammenziehbar. Denn von der Schulter bis zur Hand ist jeder Teil ihres Armes um einen kleinen weiteren

---

[1] Wollte man also einen Weg charakterisieren, benötigt man dazu zwei ganze Zahlen, zum Beispiel (-3,5), was bedeutet: man wickelt eine Schnur dreimal im Gegenuhrzeigersinn um das große Loch und fünfmal im Uhrzeigersinn um den Außenkreis und verbinde sie dann wieder.

Winkel verdreht, die Endpunkte Schulter und Hand jedoch in der Originalposition. Ihr rechter Arm stellt daher einen geschlossenen Weg in SO(3) dar, und sie können ihn gerade nicht durch stetige Deformation in die bequeme Position zurückbringen, das heißt, der Weg ist „nicht zusammenziehbar".

Die überraschende Tatsache jedoch, dass die hintereinander in der gleichen Richtung ausgeführte Drehung keine schlimme Deformation des Armes erzeugt hatte, sondern wieder die Normalposition, hat ebenfalls ein raffiniertes mathematisches Äquivalent, nämlich 1+1=0, das heißt, zwei gleichartige Drehungen neutralisieren sich. Diese Gleichung ist in der Mathematik wohlbekannt und Teil des allereinfachsten Zahlensystems, das nur aus 0 und 1 besteht – mit dem übrigens Computer rechnen. Man bezeichnet es als $\mathbb{Z}_2$. Man sagt daher, SO(3) hat die Homotopiegruppe $\mathbb{Z}_2$. Das bedeutet, es gibt nur den „bequemen" und den „unbequemen" Zustand, aber keine schlimmeren Verdrehungen des Armes. Beschreibt man die Drehungen dagegen in S^3, wären aber der Originalzustand (1,0,0,0) und der "unbequeme" mit (-1,0,0,0) zwei verschiedene Punkte, die Verbindung also auch kein „geschlossener Weg". Hat ein Weg auf der S^3 dagegen tatsächlich den gleichen Anfangs- und Endpunkt, so lässt er sich auch stetig zusammenziehen.

HANDWERKSZEUG FÜR EIN JAHRHUNDERTPROBLEM

Vielleicht wundern Sie sich, warum ich diese Feinheit der doppelten Überdeckung so herausgestellt habe. Es scheint aber tatsächlich so zu sein, dass die Natur dieses doppelte Auftreten von Drehungen realisiert. Außerdem hing einer der größten mathematischen Durchbrüche der letzten Jahrzehnte mit dieser Überdeckung zusammen. Henri Poincaré, der berühmte französische Mathematiker, der wohl zur Relativitätstheorie ebenso

11 Die dreidimensionale Einheitskugel – voll Überraschungen

wichtige Beiträge wie Einstein geliefert hat, vermutete erstmals 1904, die S^3 müsse die einfachste dreidimensionale Mannigfaltigkeit sein. Genauer: es gibt keine andere dreidimensionale Mannigfaltigkeit, auf der alle Wege ebenfalls zusammenziehbar sind. Ein Jahrhundert lang blieb das Problem ungelöst, ehe der russische Mathematiker Grigori Perelman im Jahr 2003 einen Beweis veröffentlichte, der von seinen anerkanntesten Fachkollegen geprüft und für richtig befunden wurde. Einen ausgelobten Preis von einer Million US-Dollar schlug das exzentrische Genie aus.

Henri Poincaré (1854-1912)

Obwohl für die reine Mathematik eine größere Sensation, ist dies für unsere naturphilosophische Betrachtung dennoch wichtig, weil wir damit sicher sind, dass es sich bei S^3 tatsächlich um die einfachste dreidimensionale Mannigfaltigkeit handelt. Dagegen ist SO(3), die Drehungen im dreidimensionalen Raum, der für uns näher an der Realität zu sein scheint, gerade *nicht* das einfachste Objekt. Die Poincarésche Vermutung betrifft das

Teil III: Das mathematische Universum

mathematische Teilgebiet der Topologie, welche globale Eigenschaften von Mannigfaltigkeiten betrachtet, die sich nicht ändern, wenn man beliebige Deformationen vornimmt. Die Topologie einer Mannigfaltigkeit lässt sich normalerweise nur durch Schneiden und wieder Ankleben (cut-and glue) verändern.

Perelman verwendete in seinem Beweis den sogenannten *Ricci Flow*, ein interessantes Konzept, das ähnlichen Gleichungen gehorcht wie die Wärmeleitung in der Physik. Statt Temperatur wird auf der Mannigfaltigkeit jedoch Krümmung weitergeleitet; anders gesagt, strebt die Mannigfaltigkeit danach, diese Krümmung mit der Zeit einem konstanten Mittelwert anzugleichen. Es ist interessant, dass dabei nicht von physikalischer Zeit die Rede ist, es aber doch eine rein mathematische Eigenschaft der S^3 gibt, welche an das Konzept der Zeit erinnert. Neben dem *Ricci Flow* gibt es noch eine Reihe anderer geometrischer Flows, welche mit der Entwicklung von Krümmungseigenschaften zu tun haben.

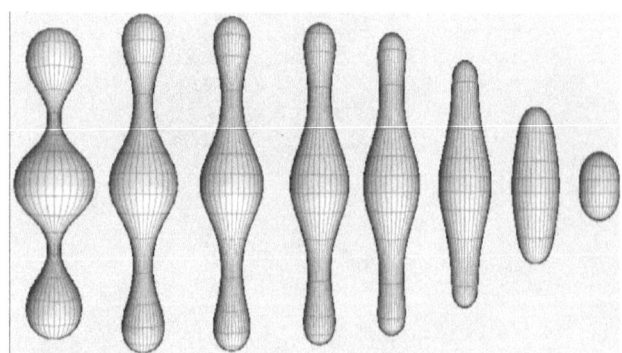

Veranschaulichung des Ricci Flow: Die Krümmung „fließt" von den Bereichen großer Krümmung zu jenen mit kleinerer, bis sich eine einheitliche Krümmung der Mannigfaltigkeit (Kugel) ausbildet.

Fassen wir also das Bisherige zusammen: Die S^3 enthält sowohl komplexe Zahlen als auch Vektoren, welche in der konventionellen Physik zur Beschreibung von Licht und Materie verwendet werden. Sie ist den Rotationen im dreidimensionalen

11 Die dreidimensionale Einheitskugel – voll Überraschungen

Raum SO(3) überaus ähnlich, so dass sie den Eindruck eines dreidimensionalen Raumes hervorrufen kann. Dennoch ist sie im mathematischen Sinne noch einfacher als SO(3), ja die einfachste Mannigfaltigkeit überhaupt. Trotzdem ergibt sich aus ihren Eigenschaften eine überraschende Komplexität.

VERSCHLUNGENE WEGE DER S^3

Lange vor Perelmans Beweis hatte die S^3 auf diesem Gebiet auch schon Furore gemacht. Stellen wir uns dazu die S^3 nochmals als Drehung im dreidimensionalen Raum vor, mit dem kleinen Unterschied, dass eine Rückkehr zum Ausgangszustand noch nicht nach 360°, sondern erst nach 720° erfolgt. Diese 720° können wir jedoch ebenfalls durch entsprechende Einteilung auf einem Kreis, also der S^1, realisieren. Jeder Punkt auf dieser S^1 entspräche dann dem Winkelbetrag einer bestimmten Drehung. Die Richtung der Drehachse lässt sich jedoch durch einen Punkt auf der S^2 beschreiben, so wie sich eine Sternposition in der Astronomie durch zwei Winkel angeben lässt. Es liegt daher nahe, sich die S^3 als S^2 vorzustellen, bei der in jedem Punkt eine S^1 angeklebt ist.

Die Topologie liebt solche Zerlegungen, welche die Analyse, unter anderem der Homotopiegruppe, erleichtert. Im Jahr 1932 entdeckte jedoch der deutsche Mathematiker Heinz Hopf, dass diese Zerlegung nicht so einfach funktioniert. Denn naiv mochte man denken, die S^1 Kreisschlaufen könnten alle getrennt werden, wenn man die Kugeloberfläche aufschneidet und sie auf eine Ebene legt. In Wirklichkeit waren aber alle Kreisschlaufen miteinander verschlungen, das heißt, es gab kein einziges Paar von Schlaufen, das man trennen konnte, ohne es zu zerschneiden. Diese faszinierende Eigenschaft wird Hopf Link genannt.[1]

---

[1] Dazu gibt es eine sehr schöne Computeranimation von Niles Johnson auf YouTube: Hopf fibration – fibers and base.

Teil III: Das mathematische Universum

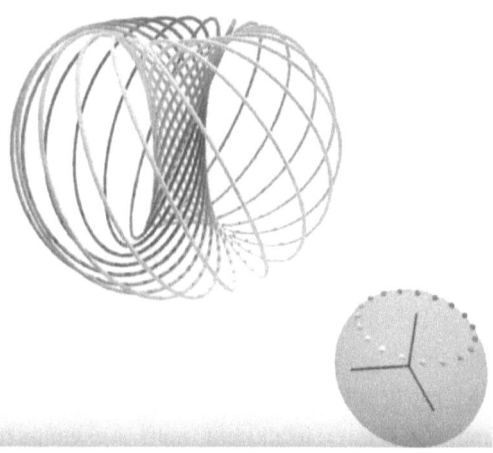

Veranschaulichung des Hopf Link. Oben die verschlungenen Pfade, die Kreisen in der stereographischen Projektion entsprechen; rechts unten die Punkte auf der S^2, von denen jeweils eine Schleife ausgeht.

Die Hopf-Abbildung hängt auch damit zusammen, dass sich jede dreidimensionale Drehung in der S^3 darstellen lässt. Man betrachtet das Produkt **q r q⁻¹**, wobei die Drehung in dem Quaternion **q** und seinem konjugiert-komplexen[I] **q⁻¹** enthalten ist, welche sich den Betrag der Drehung gleichmäßig teilen (daher der halbe Winkel). **r** steht für ein pures[II] Quaternion, d. h. wir können es uns als einen Einheitsvektor auf der S^2 vorstellen. Eine konkrete Drehung **q** transformiert also einen beliebigen Vektor **r** auf der S^2 in einen anderen Vektor auf der S^2, eine offensichtliche Eigenschaft der Drehungen SO(3). Wechseln wir aber jetzt die Perspektive und betrachten ein beliebiges Element der S^3, das sich als **q r q⁻¹** schreiben lässt, so stellen wir fest, dass sich dieses mit dieser Abbildung auf **r** projizieren lässt, was auf S^2 liegt. Es handelt sich also um genau jene Hopf-Abbildung, welche die S^3 auf die S^2 zusammenschrumpfen lässt.

[I] Nur bei den Einheitsquaternionen ist das konjugiert Komplexe gleich dem Inversen **q⁻¹**.
[II] Das heißt von der Form (0, b, c, d), also ohne Realteil.

11 Die dreidimensionale Einheitskugel – voll Überraschungen

Studiert man die Hopf-Abbildungen weiter, erfährt man von analogen Konstruktionen, mit der man die S^7, also die siebendimensionale Einheitskugel, in die S^3 und S^4 zerlegt. Dies wirft natürlich die Frage auf, warum wir unsere Betrachtung auf S^3 eingegrenzt haben. Einerseits ist S^7 (auch Einheits-Oktonionen genannt) die logische Fortsetzung der Kette $S^1 \to S^3 \to S^7$, da sich in diesen Mannigfaltigkeiten jeweils sinnvolle Rechnungen ausführen lassen,[1] andererseits ist es nicht unbedingt ein Objekt, das wegen seiner Einfachheit attraktiv ist.[50] Daher beschränken wir uns im Folgenden auf die S^3.

NEUE HORIZONTE: WIE DREI DIMENSIONEN DIE ILLUSION EINER VIERTEN ERZEUGEN

Wir haben gesehen, dass die S^3 potenziell sowohl die Vektorfelder als auch die komplexwertigen Funktionen ersetzen kann. Erinnert man sich jedoch an das Konzept eines Faserbündels, so betraf diese mögliche Ersetzung die Faser, man hätte jedoch immer noch eine Abbildung ($\mathbb{R}^3, \Lambda) \to S^3$. Ziel der gesamten Betrachtung war es jedoch auch, das Newtonsche Konzept der Raumzeit, also das Bündel ($\mathbb{R}^3, \Lambda$) zu hinterfragen. Ersetzt man nur die Faser, bliebe immer noch eine willkürliche 3+1-dimensionale Raumzeit als Basis. Die naturphilosophische Arbeitshypothese der Einfachheit suggeriert hier, dass nicht nur die Faser, sondern auch das Bündel durch S^3 ersetzt werden könnte, also die Realität möglicherweise durch Abbildungen $S^3 \to S^3$ beschrieben wird. Aber wie soll das funktionieren? Man wird sofort einwenden, ein dreidimensionales Objekt sei prinzipiell ungeeignet,

---

[1] Dabei handelt es sich um eine sogenannte Divisionsalgebra, die nicht mehr assoziativ ist und sich daher auch nicht mehr mit Matrizen darstellen lässt. Allgemein kann man sagen, dass beim Übergang zu höheren Dimensionen immer mehr Eigenschaften „kaputt gehen", so Anordnung, Kommutativität, Assoziativität usw. Betrachtet werden aber gelegentlich auch S^{15} und S^{31}.

die insgesamt vierdimensionale Erscheinungsform von Raum und Zeit wiederzugeben. Dies stellt sich jedoch als zu kurz gedacht heraus.

Wir betrachten dazu zunächst die einfacher vorstellbare S^2 und eine Ebene ($\mathbb{R}^2$) die im Prinzip auf jeden Ort der gekrümmten Kugeloberfläche geklebt werden kann. Wir nennen dies im Folgenden den Horizontraum[1] in einem bestimmten Punkt. Man stelle sich vor, wie die Mannigfaltigkeit aussehen würde, wenn man die Krümmung herausnimmt. Der Horizontraum entspricht dem Ausblick, der sich in einem bestimmten Punkt der Erdoberfläche bietet: wir nehmen die Krümmung der Erde ja kaum wahr und beschreiben Sie näherungsweise oft mit einer Ebene (einer Karte in einem Atlas!), eben dem Horizontraum im Beobachtungspunkt. Stellen wir uns nun als ameisenartige Wesen vor, die drei Dimensionen nicht erfassen können und auf dieser zweidimensionalen Kugeloberfläche umherwandern. Und doch nehmen wir bei dieser Wanderung eine Abfolge von zweidimensionalen Eindrücken aus dem jeweiligen Horizont war, die man subjektiv als Zeitablauf empfinden könnte.

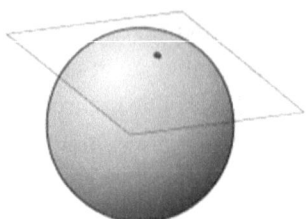

Beispiel eines 2-dimensionalen Horizontraumes an der S^2.

Übertragen wird diesen Gedanken auf eine Dimension höher, so könnte es also sein, dass wir nicht wirklich in vier

---

[1] Nicht zu verwechseln mit dem mathematisch bekannteren Begriff des Tangentialraums, den wir später definieren. Der Horizontraum wird in der Differenzialgeometrie oft als Karte eines Atlas bezeichnet, einen Begriff, den ich aber nicht für so eingängig halte.

11 Die dreidimensionale Einheitskugel – voll Überraschungen

Dimensionen leben, bzw. die Zeit überhaupt nicht existiert. Vielmehr wäre es denkbar, dass eine Abfolge von dreidimensionalen Horizonträumen, etwa auf einer gekrümmten Mannigfaltigkeit wie der S^3, uns als Film erscheint, den wir nur als Zeit interpretieren.[1] Bewegt man sich auf einem bestimmten Pfad auf der S^3, ist die vierte Dimension aber nicht real, sondern nur eine Illusion, die durch die Krümmungseigenschaften einer Mannigfaltigkeit entstanden ist. Wie wir noch sehen werden, kann diese Analogie aus verschiedenen Gründen nicht vollständig sein, dient aber vorläufig als Motivation, uns mit dieser interessanten Eigenschaft des Horizontraumes zu beschäftigen.

So wie man sich eine Ebene an einem bestimmten Punkt der S^2 angeklebt denken kann, hat auch jeder Punkt der S^3 einen entsprechenden Horizontraum, der natürlich dreidimensional ist. Dieser Horizontraum ist in der Umgebung des Klebepunktes eine exzellente Näherung für die S^3, während er bei großen Distanzen signifikant abweicht – genauso wie eine Ebene auf der Kugel diese in großer Entfernung nicht mehr abbildet. Würde man Distanzmessungen in der Umgebung eines Punktes auf der S^2 oder der S^3 durchführen (wobei letztere Distanz einem absoluten Drehwinkel entspricht), ergäben sich nicht nur ähnliche Werte, sondern die Winkelbeträge würden auch in den gleichen Einheiten angegeben wie im Horizontraum. Kurz: der Horizontraum könnte sehr ähnlich aussehen wie der $\mathbb{R}^3$.

TANGENTIALRAUM – DIE PERSPEKTIVE KLEINER ÄNDERUNGEN

Zu unterscheiden ist der Horizontraum von dem sogenannten Tangentialraum, den man sich zwar bildlich in ähnlicher Weise

---

[1] In ähnlicher Weise argumentiert Julian Barbour in seinem Buch *The End of Time*: „time is change".

vorstellt, der jedoch andere Einheiten enthält. Dazu ein anschauliches Beispiel aus der Gruppe SO(3), die sich hier identisch zu S^3 verhält.

Möchte ich eine Kugel in eine beliebige Position im dreidimensionalen Raum drehen, kann ich dies mit einem Element aus SO(3) bewerkstelligen.[1] Anders verhält es sich, wenn ich die Drehung nur anstoßen will, indem ich der Kugel einem bestimmten Drehimpuls versetze. Ich kann sogar gleichzeitig einen Drehimpuls um eine weitere Achse mitgeben, denn diese beiden Drehimpulse würden sich wie Vektoren addieren (wobei die Richtung der Drehachse entspricht und die Länge der Stärke des Drehimpulses), ohne dass es dabei auf die Reihenfolge ankommt. Die Elemente des Tangentialraums kann man sich als solche Drehimpulsvektoren vorstellen oder infinitesimale Drehungen. Es handelt sich um qualitativ andere Größen als die Distanzen im Horizontalraum, die in Winkeln angegeben werden.

Der Tangentialraum ist also sehr nützlich, wenn man kleine Veränderungen betrachtet und insofern prädestiniert dafür, Ableitungen darzustellen. Für Ableitungen, also infinitesimale Drehungen in der S^3, gelten bekanntlich andere Regeln als bei endlichen Drehungen. Der norwegische Mathematiker Sophus Lie entwickelte dazu schon vor langer Zeit einen Formalismus, der diese Feinheiten beschreibt. Gruppen wie die S^3, bei denen man infinitesimale Änderungen betrachten kann, heißen daher Lie-Gruppen oder auch differenzierbare Gruppen.

LIE-GRUPPE UND LIE-ALGEBRA

Die infinitesimalen Änderungen selbst hingegen, welche man wie Vektoren addieren kann, bilden den Tangentialraum, der im

---

[1] Führe ich aber zwei Drehungen hintereinander aus, so kommt es auf die Reihenfolge an, weil SO(3), ebenso wie S^3, nicht kommutativ ist.

11 Die dreidimensionale Einheitskugel – voll Überraschungen

Wesentlichen wie ein euklidischer $\mathbb{R}^3$ aussieht. Dieser Vektorraum der infinitesimalen Änderungen wird Lie-Algebra genannt. Hier liegt ein großer Unterschied zur „herkömmlichen" Mathematik vor, bei der man zum Beispiel eine Funktion von reellen Zahlen betrachtet wie $f(x)=x^2$, und deren Ableitung bildet, welche wieder eine reelle Funktion ist, nämlich $f'(x)=2x$.

Diese Art von Differenzialrechnung ist in der gesamten Physik weit verbreitet und dadurch gekennzeichnet, dass die abgeleiteten Objekte von gleicher Qualität sind wie die ursprünglichen. Ganz anders im Fall der S^3. Betrachtet man S^3-wertige Funktionen, so nehmen deren Ableitungen Werte in der Lie-Algebra so(3) (kleingeschrieben) ein. S^3 hat hier tatsächlich die gleiche Algebra wie SO(3), denn die doppelte Überdeckung (die beide unterscheidet) ist eine globale Eigenschaft, die bei der Betrachtung kleiner Elemente verloren geht. Die Ableitung der S^3 ist also ein qualitativ ganz anderes mathematisches Objekt als sie selbst. Daraus würde folgen, dass es so etwas wie Differenzialgleichungen – welche die ganze theoretische Physik durchziehen – überhaupt nicht geben kann, bzw. diese nur eine Näherung darstellen. Dies wird später noch interessant.

Viele bekannte Konzepte der Vektoranalysis, insbesondere Differenzial- und Integralrechnung, lassen sich nicht so leicht auf Lie-Gruppen übertragen[1] oder sind gar unerforschtes Terrain der Mathematik. Dennoch gibt es einige mathematische Funktionen, welche die Lie-algebra mit der Lie-Gruppe verbinden, zum Beispiel eine verallgemeinerte Exponential- und Logarithmusfunktion für Matrizen. Deren bekannte Rechenregeln im neuen Gewand der Gruppen wiederzuentdecken, hat zweifellos großen Reiz.

---

[1] Beispielsweise gilt das in der Quantenmechanik und Elektrodynamik verbreitete Superpositionsprinzip, das Rechnungen dramatisch vereinfacht, in der Regel nicht mehr.

Teil III: Das mathematische Universum

> Die Exponentialfunktion definiert man hier über ein originelles Analogon zu den reellen Zahlen, bei denen gilt:
>
> $$e^x = 1 + x + \frac{1}{2}x^2 + \frac{1}{6}x^3 + \frac{1}{24}x^4 + \cdots$$
>
> Betrachtet man die Lie-Gruppe SO(3), die sich als 3×3 Matrizen mit Determinante 1 schreiben lassen (siehe Euler-Winkel), so wird die dazugehörige Lie-Algebra durch die antisymmetrischen 3×3 Matrizen beschrieben, welche man natürlich auch als Vektoren schreiben könnte. Man setzt nun für x in der obigen Formel einfach eine Matrix ein, wobei Potenzen durch hintereinander ausführen der Multiplikation dargestellt werden, zum Beispiel $x^3 = x \cdot x \cdot x$. Dabei entstehen Diagonalelemente, so dass man eine Drehmatrix mit Determinante 1 erhält:
>
> $$\begin{pmatrix}1 & 0 & 0\\0 & 1 & 0\\0 & 0 & 1\end{pmatrix} + \begin{pmatrix}0 & 0 & 0\\0 & 0 & -x\\0 & x & 0\end{pmatrix} - \frac{1}{2}\begin{pmatrix}0 & 0 & 0\\0 & 0 & -x\\0 & x & 0\end{pmatrix}\begin{pmatrix}0 & 0 & 0\\0 & 0 & -x\\0 & x & 0\end{pmatrix} +$$
> $$\frac{1}{6}\begin{pmatrix}0 & 0 & 0\\0 & 0 & -x\\0 & x & 0\end{pmatrix}\begin{pmatrix}0 & 0 & 0\\0 & 0 & -x\\0 & x & 0\end{pmatrix}\begin{pmatrix}0 & 0 & 0\\0 & 0 & -x\\0 & x & 0\end{pmatrix} - \cdots = \begin{pmatrix}1 & 0 & 0\\0 & \cos x & -\sin x\\0 & \sin x & \cos x\end{pmatrix}$$
>
> Dabei wurden die bekannten reellen Reihenentwicklungen $\sin x = x - \frac{1}{6}x^3 + \frac{1}{120}x^5 \ldots$ und $\cos x = 1 - \frac{1}{2}x^2 + \frac{1}{24}x^4 \ldots$ verwendet. Entsprechendes gilt, wenn man komplexwertige 2×2 Matrizen mit Determinante 1 betrachtet, welche bekanntlich auch als Darstellung der S^3 dienen können. Die Dazugehörige Lie-Algebra sind dann die spurlosen[1] komplexen 2×2 Matrizen.

Das interessante Wechselspiel zwischen Lie-Algebra und Lie-Gruppe könnte das Entstehen einer physikalischen Konstante andeuten. Lie-Algebra und Lie-Gruppe sind qualitativ verschiedene Objekte. Wenn sie jedoch physikalische Größen repräsentieren, zwischen denen ein naturgesetzlicher Zusammenhang besteht und man diesen beispielsweise in einer Gleichung ausdrücken

---

[1] D.h. die Summe der Diagonalelemente verschwindet.

11 Die dreidimensionale Einheitskugel – voll Überraschungen

will, dann muss der qualitative Unterschied durch eine „physikalische" Konstante berücksichtigt werden, welche eben nicht nur eine reine Zahl ist. Physikalische Konstanten könnten also entstehen, sobald wir zwischen Elementen von Lie-Gruppen und Lie-Algebra näherungsweise Übereinstimmungen feststellen, deren wahre Ursache wir noch nicht verstanden haben. Sie lägen aber allein in der Mathematik. Hier wird besonders deutlich, dass möglicherweise noch mathematische Forschung nötig ist, um das volle Potenzial der differenzierbaren Gruppen zur Naturbeschreibung zu entfalten.

Teil III: Das mathematische Universum

12 Wie sich die S³ in der Realität zeigt

Schon die Erkenntnis von Niels Bohr, dass Elektronen auf ihrer Bahn um den Atomkern als Drehimpuls nur Vielfache der Konstante $\hbar$ in sich trugen, war sensationell. 1922, während der nachfolgenden Blütezeit der Atomphysik, führten Otto Stern und Walter Gerlach ein Experiment durch, welches der Natur eine noch rätselhaftere Eigenschaft entlocken sollte. Man hatte bis dahin geglaubt, Elektronen hätten nicht nur einen Bahndrehimpuls, sondern auch eine Art Eigenrotation, welche ein kleines magnetisches Moment erzeugt und man als Spin bezeichnet.

Stern und Gerlach sandten einen Strahl von Silberatomen (dort befinden sich in der äußersten Schale einzelne Elektronen) durch ein äußeres Magnetfeld, was auf die magnetischen Momente der Elektronen eine ablenkende Kraft ausüben sollte. Waren die Drehachsen der Elektronen zufällig im Raum verteilt, was Stern und Gerlach erwarteten, sollte sich also eine gleichmäßige Verteilung der Auftreffpunkte zeigen. Zur großen Überraschung benahmen sich Elektronen jedoch ganz anders: sie kamen nur in den zwei Punkten an, welche einer Orientierung genau parallel zum Magnetfeld oder entgegengesetzt zu diesem entsprachen. Nach klassischer Vorstellung war dies widersinnig, denn sie schienen entweder „vorsortiert" gewesen zu sein oder ganz lange Zeit gehabt zu haben, sich einzustellen.

> *Das Interessanteste aber ist gegenwärtig das Experiment von Stern und Gerlach. (...) eine Einstellung sollte von Rechts wegen mehr als 100 Jahre dauern.*
> *– Albert Einstein*

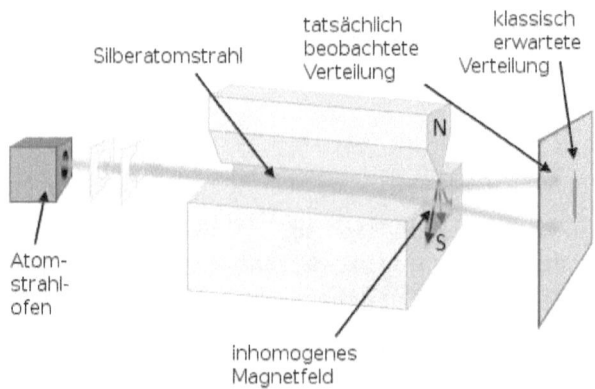

Schematische Darstellung des Experimentes von Stern und Gerlach. Die Trennung des Strahls ist nach klassischer Vorstellung völlig unverständlich.

SIEHT WIE ROTATION AUS, IST ABER KEINE

Offenbar war jedoch etwas Grundlegendes falsch: Elektronen sind einfach keine Objekte, die klassisch rotieren können. Oft hört man, dies sei ein „quantenmechanischer" Effekt, was auch immer das bedeuten soll. Er hat aber wenig mit den restlichen Rätseln der Quantenmechanik wie Zufall, Welle-Teilchen-Dualismus usw. zu tun, sondern ist eine zusätzlich irritierende Eigenschaft der Natur. Das Ergebnis des Versuchs von Stern und Gerlach kann man nur so interpretieren, dass Elementarteilchen grundsätzlich in zwei verschiedenen Zuständen auftreten, sobald man sie irgendwie im Raum lokalisiert. Auch das gesamte Periodensystem der chemischen Elemente lässt sich nur unter der eigentlich willkürlichen Annahme erklären, dass zwei Elektronen mit entgegengesetztem Spin in einem Orbital Platz finden.

Die Natur überrascht uns also hier mit einer geheimnisvollen Verdopplung von Zuständen, sobald von Orientierungen im Raum die Rede ist. Dafür gibt es aus konventioneller Sicht von Raum und Zeit keinen wie auch immer erkennbaren Grund.

12 Wie sich die S3 in der Realität zeigt

Offenbar zeigt aber die dreidimensionale Einheitskugel S^3 genau diese Struktur. Sie ist *fast* identisch mit den Drehungen im dreidimensionalen Raum $\mathbb{R}^3$, was verständlich macht, dass wir diesen als Realität wahrnehmen. Der Unterschied zu SO(3) besteht bekanntlich jedoch in der doppelten Überdeckung, das bedeutet, S^3 liefert genau *zwei* Zustände zu jedem Punkt von SO(3). Wenn auch die präzise Formulierung dieses Zusammenhangs noch schwierig sein wird, so ist es doch klar, dass die doppelte Überdeckung jene tiefere mathematische Ursache des Spinphänomens sein muss, für das es im herkömmlichen Paradigma von Raum und Zeit keine Erklärung gibt.

DIE DIRAC-GLEICHUNG: ALLES GELÖST?

In der Literatur wird oft behauptet, der Spin sei eine Konsequenz der Dirac-Gleichung, einem Vereinigungsversuch von Quantenmechanik und Relativitätstheorie, den Paul Dirac 1928 entwickelte. Obwohl dies nicht zutrifft, möchte ich doch kurz darauf eingehen. Zunächst ist klar, dass Dirac die beiden Theorien nicht wirklich vereinigt hat, sonst würde dies heute nicht allgemein als ungelöstes Rätsel angesehen. Allerdings wollte Dirac die Schrödingergleichung von 1925 relativistisch verallgemeinern.

Die relativistische Formel für E ist jedoch viel grundlegender als $\frac{1}{2}mv^2$, weil sie die Ruhemasse mit einbezieht. Hätte Dirac tatsächlich einen Operator für die Ruhemasse eines Teilchens gefunden, hätte er damit wohl überhaupt das Rätsel des Ursprungs der Masse gelöst. Dies geht aber nicht ohne den Zusammenhang mit der Massenverteilung im Universum, die damals noch unbekannt war (Ironischerweise werden diese kosmologischen Gedanken zum Machschen Prinzip, die Dirac erstmals 1937 aufgriff, heute überhaupt nicht geschätzt).

Teil III: Das mathematische Universum

> Dirac betrachtete die Schrödingergleichung $\frac{-\hbar^2}{2m}\Delta\psi = E\psi$, in der der Impulsoperator $p = \iota\hbar\nabla$ als Quadrat vorkommt. Schrödinger bezog sich in seinem Ansatz auf die einfache Formel für die kinetische Energie, $E = \frac{1}{2}mv^2$, die er als $E = \frac{p^2}{2m}$ schrieb. Die Formel für die kinetische Energie $\frac{1}{2}mv^2$ lässt sich aus der Relativitätstheorie herleiten.[1] Sie stellt eine Näherung dar, die man zur sogenannten Ruheenergie $E_0 = m_0 c^2$ addiert um die Gesamtenergie zu erhalten, für die gilt $E^2 = E_0^2 + p^2 c^2$. Dies formte Dirac mit $E = \sqrt{E_0^2 - \hbar^2 c^2 \nabla^2}$ um und konstruierte eine Algebra, welche die sonst unmöglich zu lösende Gleichung erfüllte.

Wegen des Problems der Masse konnte Diracs Idee, die Schrödingergleichung ließe sich einfach so verallgemeinern, 1928 noch gar nicht funktionieren und sein trickreicher Ansatz war eigentlich schon von Anfang an zum Scheitern verurteilt. Diracs erklärtes Ziel, die Ruhemasse des Elektrons zu berechnen, erreichte er damit auch nicht. Stattdessen hat die entstehende Gleichung Lösungen, die der Elektronenmasse mit negativem Vorzeichen entsprechen. Dies ist klar unphysikalisch und kann auch nicht als Vorhersage des Antiteilchens des Elektrons, des Positrons, betrachtet werden. Denn das Positron hat positive Masse und Energie, lediglich das Vorzeichen der Ladung wechselt – von dieser ist aber in der ganzen Rechnung Diracs nicht die Rede. Die Diracgleichung als Rechtfertigung des Positrons zu betrachten, ist also nicht mehr als eine semantische Umdeutung eines Misserfolgs, was Dirac selbst so gesehen hat. Er schrieb:

> *Ich verbringe mein Leben wirklich damit, bessere Gleichungen für die Quantenelektrodynamik zu finden, bisher ohne Erfolg[51]...*

---

[1] S. Kap. 8.

12 Wie sich die S3 in der Realität zeigt

Auch hinsichtlich der „Erklärung" des Spins[I] hat eine gewisse Legendenbildung eingesetzt. Dirac formte den obigen Ausdruck für die Gesamtenergie E um und versuchte einen Operator zu finden, dessen Quadrat den Ausdruck unter der Wurzel ergab. Er fand heraus, dass dies nur mit einer Erweiterung der bisherigen Rechenarten denkbar war, bei der das Kommutativgesetz nicht gilt. Die so entstandene und nach ihm benannte Dirac-Algebra beschreibt Elektronen mit einer Wellenfunktion, die aus vier (!) komplexwertigen Komponenten besteht, einem sogenannten Spinor – nicht gerade ein Ausbund an Einfachheit. Vor allem tritt aber die Nichtkommutativität bei einer ganzen Reihe von Algebren auf, zum Beispiel bei den Einheitsquaternionen.[II]

Dies, sogar das trickreiche Wurzelziehen aus dem Laplace-Operator Δ, hatte tatsächlich schon William Hamilton herausgefunden, so dass man von einer „Wiederentdeckung" Diracs sprechen kann.[52] Insofern deutet vieles darauf hin, dass Elektronen inklusive ihres merkwürdigen Spins einfacher durch S^3 beschrieben werden. In jedem Fall kann man trotz der eleganten Darstellung, die Dirac gefunden hat, nicht behaupten, diese sei eine Erklärung für die *Existenz* des Spins.

EINSTEINS TROCKENE LOGIK GEGEN DIE QUANTENTHEORIE

Der oben beschriebene Versuch von Stern und Gerlach ist im Übrigen nur eines von vielen Beispielen, das die Widersprüche in den klassischen Konzepten aufzeigt. Man denke nur an das in Kapitel 9 besprochene Gedankenexperiment von Einstein,

---

[I] Auf die Rätselhaftigkeit der Teilchenarten Fermionen und Bosonen (halbzahliger und ganzzahliger Spin) gehe ich hier nicht ein, da ohnehin zuerst die Natur des Spins verstanden werden muss. Wahrscheinlich sind diese Begriffe für ein grundlegendes Verständnis gar nicht hilfreich.
[II] Auch die 1927 eingeführten Pauli Spin-Matrizen sind zu i, j und k äquivalent. Auch dies legt einen physikalischen Zusammenhang nahe.

Podolsky und Rosen (EPR). Nach herkömmlicher Vorstellung – und trotz aller moderner Formalismen legt diese nach wie vor Raum und Zeit zugrunde – kann man ein System von zwei Elektronen mit entgegengesetzten Spins räumlich trennen, wobei jedoch die Orientierung der einzelnen Elektronen nicht festgelegt ist, sondern nach wie vor Ergebnis eines Zufallsexperiments. Misst man den Spin eines Elektrons, so weiß man im gleichen Moment über den Spin des anderen Elektrons Bescheid, obwohl dieses beliebig weit entfernt sein kann. Einstein argumentierte, dies könne nicht sein, weil sich dann Information schneller als Licht ausbreiten müsste, jedoch hielt man das Experiment lange Zeit für undurchführbar.

Erst nachdem der irische Physiker John Bell Einsteins Gedanken in eine Form von Ungleichungen brachte, die dem Experiment zugänglicher war, konnte Alan Aspect in den 1980er Jahren genau dieses „nichtlokale" Verhalten der Natur zeigen. Wie man es dreht und wendet, widerspricht dies der herkömmlichen Logik der Abläufe von Raum und Zeit, was manchmal als „spukhafte Fernwirkung" bezeichnet wird. Natürlich kann die Ursache in diesem speziellen Fall nicht Überlichtgeschwindigkeit sein, sondern unsere Vorstellung, zwei räumlich getrennte Elektronen würden ihren Spin nach gegenseitiger Kommunikation ausrichten, muss grundlegend falsch sein. Vielmehr bilden zwei Elektronen wohl eine ausgedehnte Einheit, die aus zwingenden Gründen zwei gegenüberliegende Zustände besetzt, ähnlich wie die Einheitsquaternionen (a,b,c,d) und (a,-b,-c,-d), welche derselben dreidimensionalen Rotation entsprechen. Obwohl die Erklärung des EPR-Paradoxons mittels S^3 sicher nicht abschließend formuliert ist, ist es doch klar, dass hier die mathematische Ursache dieses merkwürdigen Doppelauftretens liegen muss. Denn über achtzig Jahre andauerndes Kopfzerbrechen der theoretischen Physiker haben noch zu keinem befriedigenden Ergebnis geführt, solange man die Konzepte von Raum und Zeit aufrechterhält.

12 Wie sich die S3 in der Realität zeigt

Wahrscheinlich genügt es auch nicht, in der herkömmlichen Beschreibung einer raumzeitlichen Funktion, die komplexe Werte annimmt, diese komplexen Werte durch Einheitsquaternionen zu ersetzen, also eine Funktion ($\mathbb{R}^3$, Λ) $\rightarrow$ S^3 anzunehmen. Möglicherweise müssen wir auch den Raum $\mathbb{R}^3$, den wir als umgebende Realität empfinden, durch S^3 ersetzen. Äußerst originelle Gedanken in dieser Richtung hat kürzlich der britische Mathematiker Joy Christian publiziert.[53]

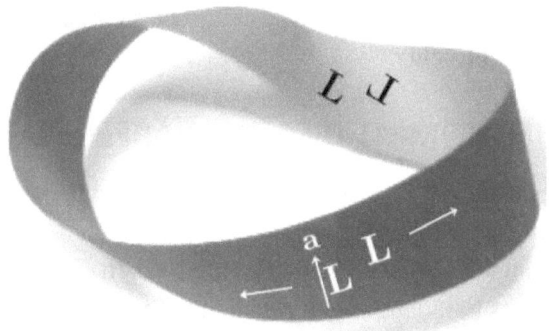

Möbiusband. Macht man sich klar, dass Vor- und Rückseite nur einem Ort unserer dreidimensionalen Realität entsprechen, existiert jedes Objekt auch in seinem spiegelverkehrten Zustand.

Ersetzt man $\mathbb{R}^3$ durch S^3, so hat dies nach Joy Christian einen ähnlichen Effekt wie der Übergang von einer „konventionellen" zweidimensionalen Welt zu einem Möbiusband.[I] Alles würde dann scheinbar in zwei spiegelverkehrten Zuständen existieren, welche der Vor- und Rückseite entsprechen, obwohl es natürlich nur eine Seite gibt. Legt man eine scheinbare räumlichen Distanz der halben Bandlänge zurück, kommt man zum gleichen Ort, nur eben aus der Perspektive der „Rückseite". Nach Christian sind damit die Paradoxien des EPR-Gedankenexperiments ebenso nur

---

[I] Ein bekanntes Beispiel einer nicht orientierbaren Fläche. Sie können ein Möbiusband leicht herstellen, indem Sie die Enden eines Papierstreifens um 180 Grad verdrehen und zusammenkleben.

scheinbar wie jene des Möbiusbands. Die charakteristische Verschlungenheit der Wege in der S^3 hängt wieder mit dem Hopf-Link zusammen (explizit auf dem Möbiusband, implizit in S^3).

Christians Arbeiten haben leider zu einer technischen Kontroverse über das Theorem von John Bell geführt.[54] Die revolutionäre Implikation für Raum und Zeit scheint aber von seinen Kollegen überhaupt noch nicht verstanden worden zu sein. Überlegungen in ähnlicher Richtung wurden von dem irischen Mathematiker Brian O'Sullivan angestellt, der sich ebenfalls auf den Hopf-Link bezieht.[55]

WOHER KOMMT DIE UNSCHÄRFERELATION?

Neben diesen relativ modernen Entwicklungen gibt es aber auch alte Rätsel, die als Ergebnisse der Quantenmechanik ein beträchtliches Unbehagen hervorgerufen haben, jedoch bisher innerhalb des Paradigmas von Raum und Zeit beschrieben wurden. Besonders prominent ist dabei Werner Heisenbergs Unschärferelation, die besagt, dass Paare von bestimmten physikalischen Größen wie Ort und Impuls, Energie und Zeit oder auch verschiedene Drehimpulsrichtungen nicht gleichzeitig gemessen werden können. Natürlich gibt es dafür in der Newtonschen Mechanik nicht den geringsten Grund. Anders als beim Spin liegt hier die mathematische Ursache jedoch nicht in der doppelten Überdeckung von SO(3) durch S^3, vielmehr muss sie in der Existenz der Naturkonstante h gesucht werden.

Wie kann h aus purer Mathematik entstehen? Der mathematische Formalismus zur Heisenbergschen Unschärferelation gibt uns einen Hinweis darauf. Man sagt, die Vertauschung der entsprechenden Operatoren (zum Beispiel Ort und Impuls) ergebe die Konstante h, während es nach früherer Vorstellung auf die Reihenfolge der Messung nicht ankommen sollte, mithin das Ergebnis Null zu erwarten war. Dabei springt natürlich ins Auge,

12 Wie sich die S3 in der Realität zeigt

dass eine charakteristische Eigenschaft der S^3 gerade die Nichtvertauschbarkeit ihrer Elemente bei der Multiplikation ist. Quantitativ drückt man dies durch den Term (a b a^{-1} b^{-1}) aus,[I] den sogenannten Kommutator. Sind a und b selbst kleine Zahlen – wovon man ausgehen muss[II] – ergeben sich dabei Werte, die nochmals viel kleiner sind als die beiden Faktoren a und b, was an die Winzigkeit von h=6,626·10^{-34} kg m²/s erinnert. Suchen wir also nach einer rein mathematischen Ursache für das Auftreten der Naturkonstante h, so liegt die Vermutung auf der Hand, dass dies an der Nichtvertauschbarkeit der Multiplikation in der S^3 liegt. Sie ist eine charakteristische Eigenschaft der S^3, die herkömmlichen Formalismen der theoretischen Physik, die auf „geraden" Räumen basieren, fehlt oder erst künstlich eingebaut werden muss. Die Kleinheit des Kommutators deutet auf subtile physikalische Effekte hin, die nicht zufällig jahrhundertelang unentdeckt geblieben sind.

Die Drehimpuls-Vertauschungsrelationen in der Quantenmechanik für die Drehimpulsoperatoren L_x usw. lauten $[L_x,L_y]=[X_yP_z-X_zP_y,X_zP_x-X_xP_z] = i\hbar L_z$, $[L_y,L_z] = i\hbar L_x$ und $[L_z,L_x]=i\hbar L_y$, wobei X für den jeweiligen Orts- und P für den jeweiligen Impulsoperator steht. Hier wird eigentlich direkt sichtbar, dass die Nichtkommutativität mit der Existenz der Konstante h zusammenhängt. Für die Impulsoperatoren gilt z.B. $P_x = i\hbar \frac{\partial}{\partial x}$. Sie sind zu räumlichen Ableitungen proportional, die wiederum nicht mit dem Ortsoperator X vertauschen. Dies ist aus elementarer Analysis zu verstehen: so ist $(x \sin x)' = x \cdot \cos x + \sin x$ etwas anderes als $x \cdot (\sin x)' = x \cdot \cos x$. Es macht einen Unterschied, ob man zuerst mit x multipliziert und dann ableitet oder umgekehrt.

[I] Bei konventioneller Multiplikation entspräche dies 3 ·5 ·1/3 ·1/5, was 1 ergäbe.
[II] Sonst wäre die Nichtkommutativität sicher schon in mehr Experimenten aufgefallen. Nur mit kleinen Elementen kann die S^3 näherungsweise wie die Raumzeit aussehen.

> *Quaternionen kommutieren nicht. Spin hat ebenfalls diese Eigenschaft. Dieser Fehler scheint mir ein Vorzug zu sein.* – Doug Sweetser

Auch hier darf der intuitiv eigentlich evidente Zusammenhang nicht darüber hinwegtäuschen, dass es noch wesentliche Schwierigkeiten bei der begrifflichen Identifikation gibt. Was man herkömmlich als Messung von physikalischen Größen bezeichnet, muss jedoch mit Multiplikation von S^3 zu tun haben, deren Elemente die uns umgebende Realität repräsentieren.

h, c UND DER URSPRUNG VON MATERIE UND LICHT

Auffällig ist, dass das Auftreten der Naturkonstante h stets mit Eigenschaften von Materie verbunden ist. Man könnte hier einwenden, Einsteins Formel zum fotoelektrischen Effekt $E = hf$ betreffe nur Licht und keine Materie. Am Ende werden jedoch alle Messungen der Energie der „Lichtquanten" durch eine Interaktion mit Materie gewonnen. Auf der Suche nach der tieferen Bedeutung der Konstanten h und c hat h mit Materie zu tun, und c offenbar mit Licht.

Nachdem wir gesehen haben, dass die Eigenschaften der S^3 die Ursache der Existenz von h sein können, wenden wir uns nun der ebenso fundamentalen Konstante c zu. Anders als das Auftreten von h in der mikroskopisch kleinen Welt der Atome zeigen sich die Effekte der Lichtgeschwindigkeit c meist erst auf großen astronomischen oder gar kosmologischen Skalen.

Alle astronomischen Ereignisse erreichen uns mit großer Zeitverzögerung. Durch die Lichtlaufzeit braucht schon das Sonnenlicht, das uns morgens wärmt, etwa acht Minuten zur Erde und manche Supernovaexplosionen sind schon Milliarden Jahre vorher geschehen, ehe wir ihr Licht detizieren. Umgekehrt werden ferne Zivilisationen erst entsprechend später Signale von

12 Wie sich die S3 in der Realität zeigt

unserem Planeten empfangen, sofern wir unsere Existenz überhaupt jemals kommunizieren können. Man kann sich also vorstellen, dass zu jedem Zeitpunkt eine kugelförmige Informationsfläche in das Weltall hinausläuft, deren Gesamtheit man als Lichtkegel bezeichnet. Den Lichtkegel der Vergangenheit stellen entsprechend all jene Punkte der Raumzeit dar, deren Licht uns zu einem bestimmten Zeitpunkt erreicht. Der Lichtkegel füllt natürlich damit den gesamten dreidimensionalen Raum aus, doch gibt es an jedem Ort nur einen bestimmten Zeitpunkt, der die Zugehörigkeit definiert.

> In der Minkowski-Raumzeit wird dies mit einer Metrik $ds^2 = c^2dt - dx^2 - dy^2 - dz^2$ beschrieben. Bleibt man im gleichen Raumpunkt (dx=dy=dz=0), so ergibt sich ein rein zeitlicher, positiver Abstand. Rein räumliche Entfernungen bei Gleichzeitigkeit (dt=0) werden daher als negativer Abstand gemessen. ds=0 bezeichnet hingegen diejenigen Punkte der Raumzeit, die durch ein Lichtsignal verbunden sind und definiert damit einen Lichtkegel.

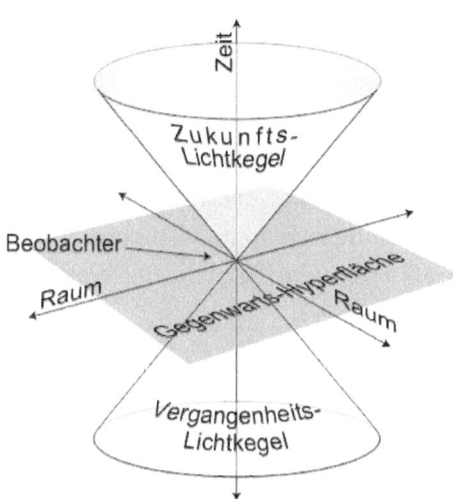

Schematische Darstellung des Lichtkegels. Zeitliche Abstände vom Ursprung werden positiv, räumliche negativ gezählt, für den Lichtkegel selbst gilt ds=0.

AUF DEM LICHTKEGEL

Gehen wir zur besseren Anschaulichkeit eine Dimension tiefer und stellen uns einen zweidimensionalen Raum vor, auf dem wir die Zeit als dritte Dimension auftragen. Dann kann man beispielsweise eine Wasserwelle, die sich konzentrisch um einen Punkt ausbreitet, als Kegel in dieser 2+1-dimensionalen Raumzeit darstellen. Entsprechend spricht man von einem Lichtkegel in der 3+1-dimensionalen Raumzeit, wenn man die konzentrische Ausbreitung einer Lichtwelle im Universum betrachtet.

Naturphilosophisch betrachtet, ist die eben erwähnte Sichtweise durch nichts gerechtfertigt. Denn es gibt keinen Grund, warum die Ausbreitungsgeschwindigkeit eine bestimmte Grenzgeschwindigkeit, nämlich die willkürliche Konstante c, nicht überschreiten sollte. Wir müssen daher die Ursache der Existenz von c in der Mathematik suchen.

Streng genommen messen wir Lichtsignale nur im hier und jetzt, während wir ihre Herkunft aus Modellen erschließen. Will man die Struktur von Raum und Zeit hinterfragen, muss man versuchen, das herkömmliche Bild des Lichtkegels in anderer Weise auszudrücken. Eine logische Möglichkeit wäre, den Lichtkegel als Horizontraum an einem bestimmten Punkt der S^3 aufzufassen. Er würde damit die Summe der Informationen darstellen, die im hier und jetzt aus dem gesamten Universum zusammenlaufen, was ja auch in konventioneller Sicht eine dreidimensionale Mannigfaltigkeit ist.

Im Übrigen ist der Horizontraum, so wie eine an eine Kugel angeklebte Ebene, nur eine Näherung für die S^3, die mit zunehmender Distanz immer mehr von ihr abweicht. Wir könnten grundsätzlich die Realität nicht mehr exakt wahrnehmen. So wie wir in konventioneller Sichtweise alle Information durch Licht aufnehmen, das sich geradlinig ausbreitet, wäre der ebene Horizontraum, in den wir von einem Punkt der S^3 blicken können,

12 Wie sich die S3 in der Realität zeigt

eine grundsätzliche Beschränkung der Wahrnehmung einer gekrümmten Welt, analog zu der Sicht auf den Horizont, die den Seefahrer beschränkt. Dies hätte erkenntnistheoretische Konsequenzen, inwieweit Realität über größere Distanzen überhaupt wahrgenommen werden kann. Jedenfalls dürfte man den idealisierten euklidischen Raum $\mathbb{R}^3$, den man mittels der Lichtsignale aus dem Horizontraum sieht, nicht als echtes Abbild des Universums auffassen, sondern darauf gefasst sein, dass mit zunehmender Distanz die Realität vom Eindruck abweicht. In konventioneller Sicht gibt es räumliche Distanzen, die sich mit der Lichtgeschwindigkeit in zeitliche Distanzen umrechnen. Geben wir die Begriffe Raum und Zeit auf, verliert die Definition der Distanz dennoch nicht ihren Sinn: auch im Horizontraum kann man nach wie vor Entfernungen angeben.

Die auffälligste Beobachtung auf kosmologischen Distanzen ist die Rotverschiebung des Lichts entfernter Galaxien. Im Kapitel 4 habe ich dargelegt, wie dies aus der Perspektive einer variablen Lichtgeschwindigkeit interpretiert werden kann, ohne Hilfsannahmen wie eine Expansion des Universums fordern zu müssen. Dennoch setzte diese Erklärung das Paradigma von Raum und Zeit voraus. In dem Modell des Universums, das auf der S^3 basiert, wären Beobachtungen ferner Galaxien weit entfernte Punkte im Horizontraum, der von der realen S^3 abweicht. Man kann darüber nachdenken, ob nicht die kosmische Rotverschiebung gerade jene Verzerrung der Realität darstellt, die entsteht, wenn wir Informationen statt von entfernten Punkten auf der S^3 nur aus dem Horizontraum empfangen. Dennoch bleibt dies eine Spekulation.

Interessant ist, dass Albert Einstein im Jahr 1917 – natürlich bevor Rotverschiebung und Galaxien überhaupt bekannt waren – auch schon darüber nachgedacht hat, ob der Kosmos als Ganzes nicht besser durch eine S^3 beschrieben wird, obwohl er viele ihrer Eigenschaften gar nicht kennen konnte.[56]

IST LICHT DIE LIE-ALGEBRA?

Der Horizontraum ist ein natürliches Konzept, wenn man gekrümmte Mannigfaltigkeiten wie die S^3 betrachtet. Assoziiert man ihn mit dem Lichtkegel, erhebt sich die Frage, welche physikalische Bedeutung der Tangentialraum, also die Lie-Algebra haben kann. Diese ist ja ebenfalls eine natürliche Eigenschaft einer differenzierbaren Mannigfaltigkeit. Während die Richtungen im Tangentialraum denen im Horizontraum entsprechen, hat die radiale Komponente eine qualitativ andere Bedeutung: anschaulich gesprochen, wie schnell eine Raumdrehung in einer bestimmten Richtung erfolgt. Eine naheliegende Assoziation ist hier die Frequenz bzw. Wellenzahl[1] des Lichts – der einzige Parameter, in dem sich Lichtwellen unterscheiden, die aus einer bestimmten Richtung einfallen.

Betrachtet man Licht als ein Phänomen der Lie-Algebra, ergeben sich natürlich weitere Schwierigkeiten der Interpretation. Licht wird normalerweise als eine raumzeitliche elektromagnetische Welle dargestellt. Es gibt aber eine interessante Eigenschaft des Lichts, für die es keine überzeugende konventionelle Erklärung gibt. Licht überträgt immer einem bestimmten Drehimpuls, sobald es ein Lichtquant (wir behalten diese Bezeichnung, obwohl sie etwas irreführend ist) Energie abgibt. Auch hier ist kein a-priori Naturgesetz zu erkennen, welches dem Licht verbieten würde, Energie einfach ohne Drehimpuls zu übertragen. Licht scheint eine Rotation in sich zu tragen, ohne dass wir deren Ursache erklären können.

Betrachtet man im S^3-Modell Licht als eine Konsequenz dessen, dass in jedem Punkt Tangentialvektoren aus der Lie-Algebra so(3) existieren, so haben diese notwendig etwas mit Drehungen zu tun. In konventioneller Sichtweise ist also Licht etwas, was

---

[1] Kehrwert der Wellenlänge.

sich in einem ebenen Raum ausbreitet, jedoch aus unbekannter Ursache heraus rotiert. Betrachtet man dagegen Licht als ein Phänomen des Tangentialraumes, in dem die Lie-Algebra von S^3 definiert ist, wäre es eine geradlinige, lineare Erscheinung, die sich jedoch in einem Raum zeigt, der inhärent verdreht ist. Vielleicht wird ja unsere Wahrnehmung auf genau diese Weise getäuscht, sobald wir, wie Newton, einen ebenen Raum als Realität postulieren.

MATHEMATIK ERZEUGT VERDREHUNGEN

Das Phänomen der „Verdrehtheit" eines Raums verdient noch näher betrachtet zu werden. Wenn wir uns an die komplexen Zahlen in der zweidimensionalen Ebene erinnern, ist bemerkenswert, dass das Phänomen der Drehung allein dadurch auftritt, dass man die Rechenart der Multiplikation vernünftig definieren will. Alle zweidimensionalen Drehungen lassen sich daher durch Multiplikation mit den komplexen Zahlen der Länge 1 darstellen, was der S^1 entspricht. Versucht man, Multiplikation in höheren Dimensionen zu definieren, gelingt dies bekanntlich erst mit den Quaternionen in vier Dimensionen.

Wie im Fall der komplexen Zahlen lassen sich Rotationen jedoch mit einer Dimension weniger darstellen, eben mit den Einheitsquaternionen oder der S^3. Die nun möglichen Rotationen sind nicht nur eine Erweiterung auf drei Raumrichtungen, sondern fügen dieser Art von Zahlen eine neue Qualität hinzu, die man sich am besten als Verdrillung, Scherung oder Schraubensinn vorstellt. Denn von ursprünglich vier Raumrichtungen können in jeweils zweien Drehungen stattfinden, die zueinander eine bestimmte Orientierung haben.[1] Reine Mathematik erzeugt hier erneut eine überraschende Komplexität! Auch die Existenz der

---

[1] Zur Visualisierung empfehle ich hier wieder die Videos von Ben Eater.

Hopf Links hängt damit zusammen: die S^3 lässt sich aufgrund ihrer inhärenten Verdrillung eben nicht einfach in eine S^2 und eine S^1 zerlegen.

Wenn man einen feuchten Lumpen auswindet, um Wasser herauszupressen, kann man das auf zwei verschiedene Weisen tun: entweder indem man beide Hände im Sinne einer Rechtsschraube oder im Sinne einer Linksschraube bewegt – daran ändert sich übrigens nichts, wenn wir die Drehachse zusätzlich beliebig im Raum orientieren. In der Physik ist dieser Schraubensinn, auch Helizität genannt, ein wohlbekanntes Phänomen von Elementarteilchen.[I] Sucht man nach grundlegenden Erklärungen, kann man vermuten, dass diese in der Geometrie von S^3 liegen, also letztlich eine unabdingbare Konsequenz einer Multiplikation in drei Dimensionen sind.

Ebenso unvermeidlich ist bei einem Schiefkörper wie den Quaternionen das Zusammenbrechen der Kommutativität mit $p \cdot q \neq q \cdot p$, was zu einer notwendigen Unterscheidung von Links- und Rechtsmultiplikation führt. Auch dies ist eine interessante Komplexität, die erst in höheren Dimensionen entsteht. Man kann darin einen Zusammenhang mit elektrischen Ladungen verschiedenen Vorzeichens vermuten, für deren Existenz die Physik bisher keinen Grund angeben konnte. Obwohl diese Assoziation recht vage scheint, muss die naturphilosophische Herangehensweise doch nach Ursachen suchen, auch für so unterschiedliche Phänomene wie Gravitation und Elektrizität.[II] Herkömmlich wird die Elektrodynamik durch die Vektorfelder des elektrischen Feldes E und des Magnetfeldes B dargestellt. Sollten diese Felder in Wirklichkeit durch Quaternionen beschrieben

---

[I] Dies zeigen unter anderem die Versuche zum Zerfall von ^{60}Co, für deren Interpretation der Nobelpreis 1957 verliehen wurde.

[II] Wie aus den einleitenden Kapiteln sicher klar geworden ist, halte ich die Konzepte der sogenannten starken und schwachen Wechselwirkung nicht für gewinnbringend.

sein (was ebenfalls Spekulation ist), welche nur wie Vektoren *aussehen*, müsste man bei starken Feldern subtile Effekte wegen der Nichtkommutativität von Drehungen erwarten.[I]

WARUM DREI DIMENSIONEN?

Da die (vierdimensionalen) Quaternionen selbst schon sehr interessante Eigenschaften aufweisen, könnte man fragen, warum man sich auf die Einheitsquaternionen beschränkt und nicht die vier Dimensionen, die sich in den vier Koordinaten (a,b,c,d) eines Quaternions ausdrücken, mit den 3+1 Dimensionen der Raumzeit assoziiert. Der qualitative Unterschied zwischen Raum und Zeit, die phänomenologisch so verschieden sind, ist aber damit nicht erklärt. Er müsste sich aus der Struktur der Quaternionen ergeben. Tatsächlich findet sich eine 3+1- Aufteilung sogar schon in den Einheitsquaternionen bzw. der S^3, für die die einschränkende Bedingung $a^2+b^2+c^2+d^2=1$ gilt.

Diese vier Elemente a, b, c und d sind nicht gleichberechtigt, weil einzig a eine reelle Zahl darstellt, während b, c und d die Komponenten der komplexen Einheiten i, j und k sind (Auch bei den komplexen Zahlen a+bi waren a und b nicht gleichwertig). Führt man das Produkt aus, wird dies offensichtlich.[II] So entsteht also auch schon in der S^3, einer dreidimensionalen Mannigfaltigkeit, auf natürliche Weise ein System von vier Komponenten, von denen eine ausgezeichnet ist. Dabei sind die drei Koordinaten (b,c,d) zum Imaginärteil der komplexen Zahlen analog, die in der Quantenmechanik eine große Rolle spielen. Es ist aber schwer vorstellbar, dass man in diesem Fall diese abstrakten Dimensionen dem realen Raum zuordnen kann. Eine direkte Identifikation, d. h. die reelle Zahl a als Zeitkomponente, wäre

---

[I] Dies ist in vixra.org/abs/1901.0083 ausgearbeitet, ursprünglich motiviert durch die Äthertheorie MacCullaghs aus dem Jahr 1839.
[II] S. Rechenregeln im Kap. 10.

sicherlich verfehlt. Interessanter ist wahrscheinlich, wenn man jedes Quaternion als Produkt eines Einheitsquaternions (mit dem Betrag 1) mit seinem Betrag schreibt, wie dies Hamilton schon getan hatte.[1] Es wäre in diesem Fall sogar nicht abwegig, darüber nachzudenken, ob der Betrag die Zeit darstellen könnte. Man würde damit postulieren, dass die Raumzeit ein sich stetig vergrößerndes Quaternion ist.

Ob die allgemeinen Quaternionen also „in der Natur vorkommen" oder ob die S^3 allein eine fundamentale Rolle einnimmt und die Zeit sich möglicherweise als ein emergentes Phänomen herausstellt, lässt sich schwer entscheiden. Beides sind hypothetische Ansätze, die möglicherweise auch zu Widersprüchen führen. Dennoch stehen die Chancen, das Phänomen der Zeit zu erklären, angesichts der interessanten algebraischen Zusammenhänge nicht so schlecht.

DAS ENDE DER NATURKONSTANTEN

Versuchen wir hier eine Zusammenfassung. So wie die Naturkonstante h in der Nichtkommutativität von S^3 ihre Ursache zu haben scheint, so könnte die Naturkonstante c daraus entstehen, dass S^3 einen Tangentialraum besitzt. Man mag dies oder die vorherigen Anmerkungen vielleicht mit Recht für spekulativ halten, jedoch gibt es aus naturphilosophischer Sicht keinen anderen Weg, als die Ursache der Existenz dieser Naturkonstanten in mathematischen Eigenschaften zu suchen. Nimmt man eine umgekehrte Perspektive ein, so wird dies vielleicht noch offensichtlicher: welche besonderen Eigenschaften besitzt denn die S^3, welche über die herkömmlichen Rechengesetze der Physik hinausgehen?

---

[1] Hamilton bezeichnete das Einheitsquaternion als *versor*, und den Betrag als *tensor*, was heute missverständlich wäre.

12 Wie sich die S3 in der Realität zeigt

Niemand wird bestreiten können, dass der Tangentialraum und die Nichtkommutativität zwei hervorstechende Eigenschaften sind, welche die Illusion der Naturkonstanten c und h hervorrufen können. Auch die Phänomene der Drehungen und Verdrillungen in der Natur können eine wirkliche Rechtfertigung nur in der mathematischen Struktur der S^3 finden. Die Indizien dafür, dass die Eigenschaften S^3 die beiden Naturkonstanten h und c generieren, sind daher erdrückend. Umgekehrt ist man jedoch noch weit von einem konsistenten Formalismus entfernt, der diese Zusammenhänge endgültig aufklärt. In Anbetracht der enormen begrifflichen Schwierigkeiten, die sich auftun, wenn wir uns von Raum und Zeit verabschieden und die Realität mit einem nur dreidimensionalen Objekt beschreiben wollen, ist dies jedoch nicht verwunderlich.

Teil III: Das mathematische Universum

13 Ungelöstes, Verrücktes und reine Mathematik

Es gibt ausgezeichnete Gründe, anzunehmen, dass die dreidimensionale Einheitskugel S^3 eine Erklärung für die Existenz elementarer Naturkonstanten liefern kann. Dennoch sei hier auf einige Probleme hingewiesen, insbesondere jene, die die Interpretation des Horizontraums betreffen. Wenn man alle Lichtsignale aus dem Universum, welche in der Gegenwart, also an einem bestimmten Ort zu einer bestimmten Zeit zusammentreffen, als Horizontraum eines einzigen Punktes der S^3 auffasst, hat dies Konsequenzen, die unsere Vorstellungskraft sprengen. Wie soll man den normalen Ablauf der Zeit verstehen? Die Tatsache, dass wir die uns umgebende Welt wie einen Film wahrnehmen, kann man sich zwar als Umhergleiten entlang eines Pfades auf der S^3 vorstellen, welches eine Sequenz von euklidischen Räumen erzeugt. Umgekehrt kann jedoch die Zeit nicht als ein Pfad in der S^3 dargestellt werden. Dieser könnte sich ja in alle Richtungen bewegen oder gar zum Ursprung zurückkehren, während die Zeit unaufhaltsam in eine Richtung zu laufen scheint.

Eine Lösung des Problems könnte sein, überhaupt nur die Gegenwart, also das hier und jetzt, als Realität anzuerkennen. Alles Vergangene würde nicht im eigentlichen Sinne existieren, lediglich Bilder aus entfernten Teilen des Horizontraums, die wir als Vergangenheit interpretieren, welche sich jedoch auf einer der Lichtlaufzeit entsprechenden Distanz abgespielt hat. Alle anderen Manifestationen der Vergangenheit, insbesondere Bilder, Erinnerungen, Notizen, jegliche Form von Aufzeichnungen wären nur Hilfsmittel, mit denen Information aus dem Horizontalraum wieder in die Gegenwart transformiert wird. Alles, was wir uns als Vergangenheit vorstellen, also sämtliche geschichtlichen, erdgeschichtlichen und kosmologischen Ereignisse, wären dann nur Illusionen, die von dem falschen Paradigma einer 3+1-dimensionalen Raumzeit hervorgerufen werden. Real bliebe nur die Gegenwart.

Selbst damit wäre jedoch das eigentliche Phänomen des Zeitablaufs noch nicht geklärt. Warum die Zeit so unaufhaltsam in eine Richtung verläuft, warum sich ihr Ablauf nicht zu verändern scheint, bleibt vielleicht überhaupt das größte Rätsel, wenn man die S^3 auf das Problem der Raumzeit anwendet. Wahrscheinlich ist es in diesem Fall klug, zunächst alle besonderen mathematischen Eigenschaften der S^3 zu untersuchen, bevor man versucht, sie mit Phänomenen zu identifizieren. Interessant sind dabei Dinge wie der geometrische „Flow" oder „Ricci Flow", welchen Grigori Perelman zum Beweis der Poincaréschen Vermutung verwendet hatte. Ob sie jemals das Phänomen der Zeit erklären können, bleibt jedoch fraglich.

KEINE GLEICHUNGEN MEHR MÖGLICH?

Identifizieren wir wie im vorigen Kapitel die Lie-Algebra so(3) der S^3 mit Licht, so müssen wir die Bedeutung der Vektoren darin klarstellen. Die Richtung bleibt dabei die konventionelle, durch zwei Winkel beschriebene Raumrichtung in drei Dimensionen. Die Länge der Vektoren, die wir als Licht ansehen, kann aber nur einem Parameter entsprechen, der dieses charakterisiert: die Frequenz. Damit würde alle Information, die wir über die Realität erhalten, durch Vektoren der Lie-Algebra beschrieben. Unklar bleibt jedoch, wie die scheinbar permanente Abfolge verschiedener Informationen sich im Bild der S^3 bzw. der Lie-Algebra ausdrückt.

Fortschritt gibt es nur durch weitere Analyse der Strukturen, mit welchen wir die S^3 beschreiben. Dabei muss man sich zuerst mit dem Unterschied zwischen der Lie-Gruppe S^3 und der Lie-Algebra so(3) auseinandersetzen, zwei Begriffe, die nicht sehr

13 Ungelöstes, Verrücktes und reine Mathematik

anschaulich sind. Wir stellen uns daher statt S^3 nochmals SO(3) vor, ebenfalls eine Lie-Gruppe, die von ihrer Lie-Algebra so(3) unterschieden werden muss. SO(3) beschreibt globale Drehungen, so(3) hingegen nur deren Änderungsrate. SO(3) kann nicht beliebig groß werden, denn nach einer Volldrehung um 2π (bei der S^3 bei 4π) gelangt man wieder zum Ausgangspunkt. Die Änderungsrate der Drehungen so(3) kann unterschiedlich stark sein, ja sie kann sogar beliebig groß werden, weil sie sich aus einem Quotienten $\Delta\varphi/\Delta t$ errechnet, in dem der Parameter Δt beliebig klein werden kann. Die Lie-Algebra so(3) kann man somit als Ableitung oder Differenziation der Lie-Gruppe S^3 ansehen, und die Tatsache, dass sich so(3) und S^3 so sehr voneinander unterscheiden, ist eine Charakteristik der dreidimensionalen Einheitssphäre.

In der Physik gibt es eine Vielzahl von Gleichungen, welche Funktionen mit ihren Ableitungen verbinden und daher Differenzialgleichungen genannt werden. Die prominentesten Beispiele sind die Maxwellgleichungen der Elektrodynamik, die Einsteinschen Gleichungen der Allgemeinen Relativitätstheorie und die Schrödingergleichung in der Quantenmechanik. Die Formulierung als Gleichung rechtfertigt sich allein daraus, dass die entsprechenden Objekte, also elektromagnetische Felder, der Einsteintensor oder die Wellenfunktion durch den Prozess der Differenziation sich nicht in ihrer Qualität ändern, also gleichartige Funktionen von Raum und Zeit bleiben.[1] Ist jedoch in Wirklichkeit S^3 die Bühne der physikalischen Realität, dann würden diese gefeierten Theoreme der Physik Äpfel mit Birnen vergleichen. Denn definiert man die entsprechenden Objekte auf der S^3, so kann man sie prinzipiell nicht mehr mit ihren Ableitungen

---

[1] Etwas besser ist dabei das Schema der Differenzialformen, bei denen zum Beispiel die (äußere) Ableitung einer 2-Form eine 3-Form ergibt usw. Aber auch diese Methodik würde auf der S^3 nicht funktionieren.

gleichsetzen, weil diese eine andere Qualität haben, eben die einer Lie-Algebra und nicht einer Lie-Gruppe. Will man diese unterschiedlichen Objekte trotzdem gleichsetzen, so müsste man dies berücksichtigen. Da die Lie-Algebra eng mit dem Konzept des Tangentialraums verbunden ist, kann man hoffen, dass die Naturkonstante c, oder besser deren Ursache, auch diese Erklärung liefert. Dadurch würden sich jedoch praktisch alle Theoreme der theoretischen Physik bestenfalls als Näherung erweisen.

Sophus Lie (1842-1899)

LICHTGESCHWINDIGKEIT DURCH ABLEITUNG?

Da die Betrachtung der S^3 zeigte, dass Differenziation den Charakter einer Funktion verändern kann, könnte es also sein, dass die bloße Existenz der Differenzialrechnung zum Auftreten von Naturkonstanten führt. Offenbar führt eine einfache Differenzation von der Lie-Gruppe S^3 zur Lie-Algebra so(3). Sollte man diese mit Lichtwellen identifizieren können, wäre die Ursache der Naturkonstante c bzw. die Existenz des Lichts eine

13 Ungelöstes, Verrücktes und reine Mathematik

Konsequenz der mathematischen Selbstverständlichkeit, Ableitungen auf Mannigfaltigkeiten zu betrachten. Da es naheliegend ist, c mit der ersten Ableitung zu identifizieren, kann man natürlich darüber nachdenken, ob die Naturkonstante h mit der zweiten Ableitung zusammenhängt. Offensichtlicher bleibt jedoch der Zusammenhang mit der Eigenschaft der Nichtkommutativität, welche nur mittelbar mit der zweiten Ableitung bzw. Krümmung zusammenhängt.

Kehren wir zu der Betrachtung zurück, wie das konventionelle Bündel der Raumzeit ($\mathbb{R}^3$, Λ) am besten ersetzt werden kann. Ich habe bei der Beschreibung der physikalischen Phänomene spekuliert, ob nicht komplexwertige Wellenfunktionen und Vektorfelder besser durch die Faser S^3 ersetzt werden. Die Willkürlichkeit der Raumzeitkonstruktion lässt sich jedoch nur eliminieren, wenn wir auch das Bündel ersetzen. Dies führt zum Faserbündel $S^3 \to S^3$, also Abbildungen der dreidimensionalen Einheitssphäre auf sich selbst, was jedoch neue mathematische und begriffliche Schwierigkeiten aufwirft. Kommt nur die S^3 in Frage? Oder zum Beispiel auch eine Vielzahl von Abbildungen $S^1 \to S^3$? Oder gar die S^7?

Leider ist es viel leichter, sich zu überzeugen, dass das herkömmliche Bild unzulänglich ist, als a priori überzeugende Argumente für eine alternative Struktur der Realität zu finden. Mathematisch weisen Abbildungen wie $S^3 \to S^3$ interessante Eigenschaften auf: beispielsweise werden topologische Defekte durch höhere Homotopiegruppen klassifiziert. Die Eigenschaften von solchen topologischen Defekten ähneln in vieler Hinsicht denen von Elementarteilchen, insbesondere was Paarerzeugung und -vernichtung betrifft.[57] Allerdings wurden diese Parallelen bisher im konventionellen Raum-Zeit-Bild gezogen.

Teil III: Das mathematische Universum

FEHLT NOCH EINE NATURKONSTANTE?

Sicherlich könnten sich die beiden Konstanten h und c in den Eigenschaften der S^3 widerspiegeln. In der Diskussion der fundamentalen Naturkonstanten im Kapitel 7 waren am Ende jedoch nicht nur zwei, sondern drei freie Parameter verblieben, die eigentlich erklärungsbedürftig sind. Bei dem letzten handelte es sich damit um die Epoche τ, eine dimensionslose Zahl, die sich aus dem Verhältnis der größten und kleinsten Strukturen, also Radius des Universums und des Protons, ergab (man kann dies auch in der Zeit formulieren, was jedoch keinen Unterschied macht).

Aus zwei Gründen müssen wir leider aber auch diese Konstante τ hinterfragen. Erstens verlieren die Begriffe Raum und Zeit in einer Beschreibung der Realität mittels der S^3 ihren Sinn, und zweitens handelt es sich unbestreitbar um einen konkreten Zahlenwert, der durch nichts gerechtfertigt ist. Wenn wir von der Vorstellung Abschied nehmen, dass sich die Welt in einem dreidimensionalen Raum zeitlich entwickelt, dann ist die „Erklärung" der Epoche τ, die unterstellt, wir lebten gerade „jetzt" zu einem bestimmten Zeitpunkt der Evolution des Universums, nicht mehr befriedigend.

Aus konventioneller Sichtweise wäre zu erwarten, dass der Messwert der Epoche, also im Prinzip die Hubble-Konstante, sich langsam ändert und bei entsprechender Präzision beispielsweise in einigen Jahren einen anderen Wert annimmt. Gemessen wurde dies allerdings noch nicht, so dass eine Überraschung nicht auszuschließen ist – theoretisch könnte die Epoche sich auch als Konstante erweisen. Ist man so ehrgeizig, dies erklären zu wollen, dann müsste auch diese enorm große Zahl 10^{40} aus reiner Mathematik entstehen. 10^{40} ist die gemessene Größe des Universums in Einheiten des Protonenradius. Die in Kapitel 5 ausgearbeitete Theorie macht jedoch klar, dass dieser Wert nur durch die

13 Ungelöstes, Verrücktes und reine Mathematik

scheinbare Verkürzung der Maßstäbe einer „absoluten" Epoche von 10^{53} zustande kommt. Die Frage ist berechtigt, ob sich so eine Zahl überhaupt aus reiner Mathematik ergeben kann. Nicht umsonst hatte Paul Dirac, der sich schon vor 1938 mit dem Problem beschäftigt hatte, dies bezweifelt.

KONTINUIERLICHE UND DISKRETE GRUPPEN

Allerdings gab es inzwischen eine wichtige Entwicklung der Mathematik, von der ich in diesem Zusammenhang berichten möchte, obwohl die darauf aufbauende Spekulation geradezu verwegen ist. Es handelt sich um die inzwischen erfolgte vollständige Klassifikation von einfachen endlichen Gruppen. Einfache Gruppe bedeutet, diese lässt sich nicht mehr zerlegen, ohne die Gruppenstruktur zu zerstören. Die Additionen im zweidimensionalen Raum bilden zum Beispiel keine einfache Gruppe, weil sie sich in eine x-Richtung und y-Richtung zerlegen lassen. Die Drehungen im dreidimensionalen Raum hingegen sind schon eine einfache Gruppe, welche sich nicht sinnvoll und eindeutig in Teildrehungen um die drei Raumachsen zerlegen lässt (vgl. Eulerwinkel in Kap. 11). Analoges gilt für diskrete Gruppen.

Betrachten wir dazu ein einfaches Beispiel. Die Symmetriegruppe eines Würfels besteht aus verschiedenen Drehungen und Spiegelungen, die den Würfel in sich selbst überführen. Diese Gruppe lässt sich schön veranschaulichen, wenn wir Drehachsen betrachten, die jeweils durch die Mitte von gegenüberliegenden Flächen oder Kanten, oder durch gegenüberliegende Ecken gehen. Geht die Drehachse durch gegenüberliegende Flächen (3 Möglichkeiten dafür), so gibt es vier, also drei von der Identität verschiedene Einstellungen. Aus dem Ausgangszustand heraus lassen sich also durch Drehungen um die Flächenmitten $3 \cdot 3 = 9$ Symmetrieoperationen des Würfels ausführen. Legt man die Drehachse dagegen durch die gegenüberliegenden Ecken (4 Möglichkeiten), so ergeben sich zusätzlich $4 \cdot 2 = 8$ Drehungen, und mit den Achsen durch gegenüberliegende Kanten weitere 6·1=6 Drehungen, was zusammen mit dem Ausgangszustand also 24 Elemente ergibt.[I] Diese Drehgruppe ist einfach und eine diskrete Untergruppe von SO(3), den Drehungen im dreidimensionalen Raum. Analog lassen sich Symmetriegruppen des Tetraeders und des Dodekaeders bestimmen.[II]

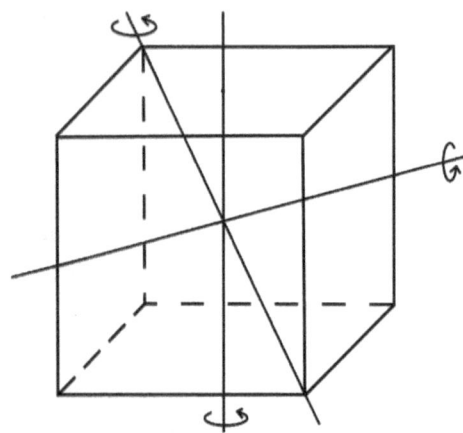

Die Symmetriegruppe des Würfels. Für jede der verschiedenen Rotationsarten ist nur eine Beispielachse eingezeichnet. So gibt es 3 Achsen durch die Flächen; diese Drehungen um jeweils 90° lassen den Würfel unverändert. Das Gleiche gilt für die 6 Achsen durch die Kanten (180°) und die 4 Achsen durch die Ecken (120°). Analog lassen sich Symmetriegruppen zu anderen platonischen Körpern wie Tetraedern oder Dodekaedern konstruieren. Alle so resultierenden Drehungen sind jedoch ebenfalls in SO(3) enthalten.

DISKRETE NATUR?

Man stelle sich nun vor, welch weites Feld sich auftut, wenn man beispielsweise Symmetriegruppen in höheren Dimensionen

---

[I] Zusätzlich mit Spiegelungen wären es 48 Elemente.
[II] Die Symmetriegruppe des Oktaeders entspricht der des Würfels, und die des Ikosaeders der des Dodekaeders. Diese platonischen Körper definieren tatsächlich alle diskreten Untergruppen von SO(3).

13 Ungelöstes, Verrücktes und reine Mathematik

betrachtet oder auch irgendwelche anderen Gruppen mit endlich vielen Elementen. In einer kollektiven Anstrengung ist es den Mathematikern bis 1990 gelungen, tatsächlich alle diese Gruppen zu identifizieren, wenn dabei auch monströse Gebilde waren, die sich jeder Anschauung verschließen. 1984 entdeckten die Mathematiker Fischer und Gries die allergrößte Gruppe, nach ihnen Fischer-Gries *friendly giant* oder auch schlicht „Monster" genannt. Sie hat $2^{46} \cdot 3^{20} \cdot 5^9 \cdot 7^6 \cdot 11^2 \cdot 13^3 \cdot 17 \cdot 19 \cdot 23 \cdot 29 \cdot 31 \cdot 41 \cdot 47 \cdot 59 \cdot 71 = 8{,}08 \cdot 10^{53}$ Elemente. Sie sehen, worauf ich hinaus will. Diese Zahl, tatsächlich die allergrößte Zahl, die uns pure Mathematik mitteilt, ist in der gleichen Größenordnung wie jene absolute Epoche im Kapitel 5, die aus raffinierten Beobachtungen der Natur destilliert worden war. Diese Koinzidenz ist originell, aber auch nicht mehr. Leider sprengt es mathematisch, physikalisch und überhaupt jede Vorstellungskraft, wie diese Zahlen miteinander zu tun haben könnten und ich habe dazu keine Idee, die ich als halbwegs vernünftig bezeichnen würde. Ich teile lediglich den Zusammenhang mit, sollte irgendein Genie jemals in der Lage sein, ihn zu begründen.

I'd like to know what the hell is going on.–
John Conway

Bei dieser Analyse der Geschichte der Physik haben wir uns konsequent von dem Prinzip der Einfachheit leiten lassen, also keine willkürlichen Zahlen zu postulieren. Die Realität sollte aus möglichst einfachen mathematischen Strukturen erklärbar sein. Die dreidimensionale Einheitskugel hat sich dabei als besonders vielversprechend herausgestellt, nicht nur weil sie hinreichend einfach war, sondern vor allem, weil ihre besonderen Eigenschaften eine ganze Reihe von physikalischen Phänomenen reflektierten.

Man kann allerdings die Aussage, die S^3 sei einfach, grundsätzlich kritisieren. Immerhin besteht sie aus einem Kontinuum von unendlich vielen Elementen, letztlich sogar mehr Zahlen, als es beispielsweise Teilchen im Universum gibt. Ein Puritaner könnte also einwenden, man verwende hier überflüssig viele Zahlen zur Naturbeschreibung und von der vermeintlichen Einfachheit der S^3 sei leicht reden, wenn man vorher ein Zahlensystem durch das Postulat eines Kontinuums unendlich aufgebläht hat. Nach den natürlichen Zahlen $\mathbb{N}$ und den ganzen Zahlen $\mathbb{Z}$ hat die Menschheit sehr bald mit (unendlich vielen) Brüchen $\mathbb{Q}$ gerechnet, und schließlich wurde der Zahlenraum mit Wurzeln und transzendenten Zahlen wie π zu dem reellen Zahlenkontinuum $\mathbb{R}$ erweitert. Seit Newton und Leibniz dieses für die Differenzialrechnung verwendeten, hat sich ein Kontinuum von Zahlen als unglaublich erfolgreiche Basis für die Beschreibung der Naturgesetze erwiesen.

Trotzdem kann man noch die philosophische Frage aufwerfen, ob für die Beschreibung der Realität mit ihren endlich vielen oder wenigstens abzählbar vielen Phänomenen ein Zahlenkontinuum wirklich unabdingbar ist. Gäbe man dieses und alle darauf aufbauenden Konstruktionen auf – was die Schlachtung des größten Teils von vierhundert Jahren Mathematik bedeutete – müsste man allerdings wieder auf die Theorie der Gruppen zurückgreifen, unter denen die einfachen Gruppen als elementare Bausteine herausragen.

Unter diesem weitergehenden Gesichtspunkt könnte man also eventuell vermuten, die Theorie der einfachen Gruppen spiele für die fundamentale Physik tatsächlich eine Rolle. Gleichzeitig würde die Fremdartigkeit dieser Mathematik zu allem, was wir unter physikalischer Realität verstehen, zu einer trostlosen Perspektive führen, weswegen ich ein Zahlenkontinuum trotz des obigen philosophischen Einwands bevorzuge.

Ausblick

Nach diesem langen Streifzug durch die Geschichte der Physik hoffe ich, Sie überzeugt zu haben, dass die theoretische Physik als Fernziel ganz ohne Naturkonstanten auskommen muss. Einem Götterglauben ähnlich, hat das Postulieren von willkürlichen Zahlen die Physik noch nie vorangebracht. Allerdings führt diese Erkenntnis über Naturkonstanten nicht nur dazu, die Grundlagenforschung ab etwa 1930 als obsolet anzusehen. Die Konstanten h und c als Anomalien zu erkennen hat die Konsequenz, dass die Konzepte von Raum und Zeit nur bedingt geeignet für eine Beschreibung der Realität sind, was leider die gesamte Naturwissenschaft seit Newton betrifft.

Die Begriffe von Raum und Zeit zu hinterfragen, hat schwerwiegende 'Nebenwirkungen' auf alle Wissenschaften. Wir müssen praktisch alle fundamentalen Erkenntnisse der letzten vierhundert Jahre zur Disposition stellen und vorbereitet sein, dass sich dabei Abgründe oder neue Perspektiven auftun. Beispielsweise müsste man folgende Begriffe neu definieren, wenn wir Raum und Zeit nicht mehr als grundlegend anerkennen: Kausalität, Zufall, Determinismus, Evolution. Sie alle machen Aussagen über raumzeitliche Muster, die wir zumindest hinterfragen müssten. Natürlich werden Raum und Zeit trotzdem für den Alltag brauchbare phänomenologische Begriffe bleiben.

Einerseits hat der Glaube an die Naturerkenntnis mit diesen Überlegungen einen Rückschlag erlitten, andererseits hat sich durch die Eigenschaften der dreidimensionalen Einheitssphäre eine neue Perspektive ergeben, die Realität auf einer ganz anderen Stufe zu verstehen. Wenn auch vielen der aufgezeigten Zusammenhänge eine formalen Strenge fehlt, hoffe ich doch, dass dieses Buch gerade für Mathematiker ein Ansporn sein kann, Ihre

Fähigkeiten bei einer wirklich relevanten Naturbeschreibung einzusetzen.

HILFE VON DER KÜNSTLICHEN INTELLIGENZ?

Natürlich verbleiben auch Zweifel, ob wir mit unseren derzeitigen Fähigkeiten von Homo sapiens überhaupt in der Lage sind, die Herkulesaufgabe zu bewältigen, Raum und Zeit zu transzendieren und zu anschaulich brauchbareren Begriffen zu gelangen, die unser Verständnis der Natur auf eine neue Ebene heben.

Gerade jetzt ist jedoch die Menschheit im Begriff, die Funktionen des menschlichen Gehirns zu entschlüsseln und die entscheidenden Mechanismen im Computer zu simulieren – mit vielfacher Rechengeschwindigkeit und entsprechendem Speicherplatz. Dies wird die Wissenschaft nicht nur auf konventionelle Weise revolutionieren (wie es die Rechner bei der Datenauswertung ja schon tun), sondern irgendwann dazu führen, dass intelligente Maschinen die Grenzen des Wissens überschreiten, die von den Naturkonstanten markiert werden.

Sollten also jene Begriffe, die Raum und Zeit ersetzen müssen, unsere Vorstellungskraft übersteigen, so bleibt zu hoffen, dass wir auf diesem indirekten Weg eines Tages darüber zu neuen Erkenntnissen kommen. Die künstliche Intelligenz hätte damit aber immerhin einen Ansatzpunkt, wo eine neue Beschreibung der Realität beginnen muss.

Dank

Die Zeit, in der ein Buch geschrieben wird, fehlt oft der Familie, für deren Verständnis ich erneut sehr dankbar bin. Viele Freunde und Kollegen haben dazu beigetragen, diese Gedanken reifen zu lassen, wobei ich Jan Preuss besonders hervorheben möchte. Besonders verpflichtet fühle ich mich auch meinem Land, das individuelle Freiheit, Rechtsstaatlichkeit und eine offene Wissensgesellschaft bisher weitgehend zu bewahren vermochte und mir erlaubt hat, einen großen Teil meines Lebens der Erforschung der Naturgesetze zu widmen. Möge es so bleiben.

Literatur

Assis, A.K.T., Weber's Electrodynamics, Springer 1994

Assis, A.K.T., Relational Mechanics, Apeiron 2014

Ball, W.W. Rouse, An Essay on Newton's principia, Macmillan 1893

Barbour, Julian: The End of Time, Oxford Univ. Press 1999

Barbour, Julian: The Discovery of Dynamics, Oxford Univ. Press 2001

Bell, John: Speakable and Unspeakable in Quantum Mechanics, Cambridge Univ. Press 1987

Beyvers, G. und Krusch, E.: Kleines 1×1 der Relativität, Springer 2009

Conway, John: On Quaternions and Octonions, Transatlantic Publishers 2001

Einstein, Albert: Mein Weltbild, Ullstein, Neuausgabe 1988

Familton, Johannes C: Quaternions, arxiv.org/abs/1504.04885

Fölsing, Albrecht: Albert Einstein, Suhrkamp 1993

Heisenberg, Werner: Der Teil und das Ganze, Piper 1969

Hestenes, David: Space-Time-Algebra, Birkhäuser 1966.

Hossenfelder, Sabine: Das hässliche Universum, S.Fischer 2019

Jammer, Max: Das Problem des Raumes, 1960

Jordan, Pascual: Schwerkraft und Weltall, Vieweg 1955

Kirchhoff, Jochen: Nikolaus Kopernikus, rororo 1985.

Kragh, Helge: Higher Speculations, Oxford Univ. Press 2011

Kragh, Helge: Dirac, Cambridge Univ. Press 1990

Kuhn, Thomas: Die Struktur wissenschaftlicher Revolutionen, Suhrkamp 1969

Kumar, Manjit: Quantum: Einstein, Bohr and the Great Debate About the Nature of Reality, Icon Books 2009

Landau, L.D., Lifschitz, E.M.: Theoretische Physik Band II.

Lindley, David: The End of Physics, Basic Books 1993

Lindley, David: Uncertainty, Anchor Books 2008

Mach, Ernst: Die Mechanik in ihrer Entwicklung, historisch-kritisch dargestellt, 1883

McCulloch, Michael: Physics from the Edge, World Scientific Publishing Company 2014.

Mozkowski, Alexander: Einstein, Einblicke in seine Gedankenwelt, 1921

O'Shea, Donal: The Poincaré Conjecture, Walker Books 2007

Rosenthal-Schneider, Ilse: Begegnungen mit Einstein, von Laue und Planck, Vieweg 1988

Sanders, Robert: The Dark Matter Problem, Cambridge Univ. Press 2010

Schrödinger, Erwin: Die Natur und die Griechen, Rowohlt 1956

Schrödinger, Erwin: Mein Leben, meine Weltansicht, dtv 2006

Shamos, Morris H.: Great Experiments in Physics, Dover 1959

Unzicker, Alexander: Vom Urknall zum Durchknall – die absurde Jagd nach der Weltformel, Springer 2010

Unzicker, Alexander: Auf dem Holzweg durchs Universum – warum CERN &Co. der Physik nicht weiterhilft, Hanser 2012, 2019

Unzicker, Alexander: Einsteins verlorener Schlüssel – warum wir die beste Idee des 20. Jahrhunderts übersehen haben, Create Space 2015

Bildnachweise

S.10:upload.wikimedia.org/wikipedia/commons/0/0e/Cassini_apparent.jpg   public domain
S.10:commons.wikimedia.org/wiki/File:Solar_sys8.jpg   public domain NASA
S.28:de.wikipedia.org/wiki/Datei:Kepler-first-law-math.svg   CC BY-SA 2.0 User:W!B:
S.28:de.wikipedia.org/wiki/Datei:Kepler-second-law.svg   CC BY-SA 3.0   Arpad Horvath
S.32:commons.wikimedia.org/wiki/File:Balmer.jpeg   public domain
S.36:de.m.wikipedia.org/wiki/Datei:Single_electron_orbitals.jpg   GNU free documentation license
S.39:commons.wikimedia.org/wiki/File:Hydrogen_transitions.svg CC BY 2.5   User:Szdori
S.42:commons.wikimedia.org/wiki/File:BlackbodySpectrum_lin_150dpi_de.png   CC BY-SA 3.0 User:Sch
S.49:commons.wikimedia.org/wiki/File:Einstein1921_by_F_Schmutzer_4.jpg   public domain
S.62: Newtonscher Eimer: Autor
S.63:commons.wikimedia.org/wiki/File:Ernst_Mach_01.jpg   public domain
S.89:commons.wikimedia.org/wiki/File:Paul_Dirac,_1933.jpg   public domain
S.112:commons.wikimedia.org/wiki/File:Illustration_from_1676_article_on_Ole_R%C3%B8mer%27s_measurement_of_the_speed_of_light.jpg public domain
S.129:commons.wikimedia.org/wiki/File:Erwin_Schr%C3%B6dinger_(1933).jpg public domain
S.132:commons.wikimedia.org/wiki/File:Schrodingers_cat.svg   CC BY-SA 3.0 User:Dhatfield
S.132:ethz.ch/de/news-und-veranstaltungen/eth-news/news/2015/12/schnellere-verschraenkung-entfernter-quantenpunkte.html   Mit freundlicher Genehmigung ETH Zürich / Aymeric Delteil

S.142:commons.wikimedia.org/wiki/File:VectorField.svg public domain
S.144:mathworld.wolfram.com/FiberBundle.html Weisstein, Eric W. "Fibre bundle." From MathWorld--A Wolfram Web Resource. http://mathworld.wolfram.com/FibreBundle.html
S.145: Autor
S.149:commons.wikimedia.org/wiki/File:William_Rowan_Hamilton_portrait_oval_combined.png public domain
S.150: Autor
S.158:de.wikipedia.org/wiki/Datei:Sphere_rotation_qtl1.svg CC BY-SA 4.0 User:Quartl User:Masur, bearbeitet
S.160: Youtube: Visualizing quaternions (3blue1brown) screenshot, Ben Eater
S.161:www.youtube.com/watch?v=pWOMDm6ejlw stereographic projection YouTube Васил Гергински
S.164:commons.wikimedia.org/wiki/File:Sphere_wireframe_10deg_6r.svg CC BY 3.0 User:Geek3
S.165:commons.wikimedia.org/wiki/File:Torus_cycles.svg public domain
S.165:commons.wikimedia.org/wiki/File:Torus-vill-point.svg CC BY-SA 4.0User:Ag2gaeh
S.167:commons.wikimedia.org/wiki/File:Young_Poincare.jpg public domain
S.168:commons.wikimedia.org/wiki/File:Ricci_flow.png public domain
S.170:www.youtube.com/watch?v=AKotMPGFJYk youtube screenshot Hopf Niles Johnson
S.172:commons.wikimedia.org/wiki/File:Image_Tangent-plane.svg public domain
S.180:commons.wikimedia.org/wiki/File:Stern-Gerlach_Experiment_de.png CC BY-SA 3.0 Theresa Knott
S.185: Möbius strip Joy Christian, arxiv.org/abs/1911.11578
S.189:commons.wikimedia.org/wiki/File:World_line-de.svg CC BY-SA 4.0 User:K. Aainsqatsi Benutzer:Bernhardius
S.202:commons.wikimedia.org/wiki/File:Portrett_av_Sophus_Lie.jpg public domain
S.206: Autor
Titelbild: Screenshot Visualizing quaternions, YouTube

ENDNOTEN

1. Eine schöne Veranschaulichung findet man etwa in den Videos von Carl Sagan: Carl Sagan on Epicycles, Ptolemy, and Kepler (XXXSDESDEXXX).
2. Historisch Genaueres dazu in Kirchhoff (1985)
3. Rosenthal-Schneider (1988), S.24ff.
4. Etwa in M. J. Duff, L. B. Okun, G. Veneziano, arxiv.org/abs/physics/0110060.
5. Andre K.T.Assis; K.H.Wiederkehr; G.Wolfschmidt, *Webers Planeten-Modell des Atoms*, Apeiron Montreal 2018, https://www.ifi.unicamp.br/~assis/Webers-Planeten-Modell-des-Atoms.pdf.
6. https://www.baslerstadtbuch.ch/stadtbuch/1985/1985_1815.html.
7. G. Lochak, *de Broglies initial concept of de Broglie waves*, in Diner (Hrsg.), The Wave-Particle Dualism, Springer Netherlands 1983, S. 1 ff.
8. G. Kirchhoff, *Phil.Mag.* 13 (1857), S. 393-412.
9. In der Einheitenneudefinition von 2019 wurde diese jahrhundertealte Konvention wieder umgeworfen, was jedoch für unsere Diskussion hier keine Relevanz hat.
10. z.B. Scholkmann et. al. (2017), iopscience.iop.org/article/10.1209/0295-5075/117/62002/meta
11. Ausführlicher dazu Unzicker, *Auf dem Holzweg durchs Universum*, Hanser 2012.
12. P.A.M. Dirac, Nature 139 (1937), S.323; Dirac, *Proc. Roy. Soc.*, London, 165 (1938), S. 199 ff.
13. Allerdings gibt es interessante Beobachtungen zu einer fraktalen Verteilung der Galaxien im Universum, die die Definition eines Mittelwertes in Frage stellen. F. Sylos Labini, arXiv.org/abs/1103.5974 und arXiv.org/abs/1110.4041.
14. Dazu Näheres in *Einsteins verlorener Schlüssel*, Kap. 4 und 5.
15. Anschauliche Erklärungen dazu in Unzicker (2015), S. 76.
16. D. Sciama, *Monthly Notices of the Royal Astronomical Society*, Bd. 113, S. 34.
17. R. Dicke, *Rev.Mod.Phys* 29 (1957), S. 363-376.
18. So formuliert in A.Unzicker, Ann. Phys. (Berlin) 18 (1), 57-70 (2009), arxiv.org/abs/07083518.
19. J. Broekaert, arXiv.org/abs/gr-qc/0405015; H. Dehnen et al.

Annalen der Physik 461(1960), S. 370–406; K. Krogh, arXiv.org/abs/astro-ph/9910325; M. Arminjon, arXiv.org/abs/gr-qc/0409092; H. E. Puthoff, arXiv.org/abs/9909037.
[20] Dies geht auf eine Idee meines Schülers Jan Preuss zurück, arxiv.org/abs/1503.06763.
[21] Vgl. Dazu A. Unzicker, www.arXiv.org/abs/gr-qc/0702009.
[22] *Proc. Roy. Soc.*, London, 165 (1938), S. 199 ff.
[23] R. Dicke, Gravitation without a principle of equivalence, *Rev.Mod.Phys* 29 (1957), S. 374.
[24] A. Unzicker, *Dicke's momentous error*, vixra.org/abs/1510.0082.
[25] P.A.M. Dirac, *Nature*, Bd. 192, Nr. 4801, S. 441 (1961), Dickes Antwort anbei.
[26] Im Übrigen wurde diese durch neuere Daten viel geringer gemessen, T. Nielsen, A. Guffanti & S. Sarkar, www.nature.com/articles/srep35596.
[27] Vgl. Unzicker (2015), Kap. 12.
[28] W. Finkelnburg, *Naturwissenschaften* 34 II (1947), 1947, S. 53ff.
[29] Eine Ausnahme bildet hier Dürr, H.-P., Neuere Entwicklungen in der Hochenergiephysik – das Ende des Reduktionismus? In: Selbstorganisation – Die Entstehung von Ordnung in Natur und Gesellschaft, (hrsg. A. Dress et. al. München 1986, S. 15 – 34)
[30] Mozkowski, A. (1921), loc. 2810.
[31] Pohl, R., et al.(2010), *Nature*. 466 (7303) 213–216; W. Xiong et.al. www.nature.com/articles/s41586-019-1721-2.
[32] Ähnlich Unzicker (2010), S. 289-90.
[33] Siehe aber Williamson, J.G. et. al. Is the electron a photon with toroidal topology? *Annales de la Fondation Louis de Broglie*, Bd. 22, no.2, 133 (1997)
[34] vgl. dazu G. Lochak (1983)
[35] Vgl. A. Unzicker, www.arXiv.org/abs/gr-qc/0702009.
[36] Kragh (2011), S. 177f.
[37] vgl. Unzicker (2012), Kap. III 4.
[38] vgl. Unzicker (2012), S. 122ff.
[39] https://de.wikipedia.org/wiki/Aberration_(Astronomie)#Allgemeine_Aberration
[40] vgl. Heisenberg, Der Teil und das Ganze.
[41] D. Frauchinger und R. Renner, Quantum mechanics cannot describe consistently the use of itself, arxiv.org/pdf/1604.07422.pdf
[42] A. Unzicker, arXiv.org/abs/gr-qc/0011064.
[43] Ehrenfest, *Zeitschrift für Physik* 78 (1932), S. 555 – 559.
[44] Maxwell (1873), Band 2, Kap. 9, Art. 618-619.

[45] Quaternions, Maxwell, Equations and Lorentz Transformations, M. Acevedo M., J. López-Bonilla and M. Sánchez-Meraz, Apeiron 12 (2005), S. 271-384; Doug Sweetser, https://www.science20.com/standup_physicist/blog/deriving_max well_source_equations_using_quaternions_25-82785
[46] A. Gsponer und J.-P. Hurni, arxiv.org/abs/math-ph/0201058, S.8
[47] https://eater.net/quaternions/video/intro.
[48] Dazu gibt es eine schöne Visualisierung YouTube: Dimensions Ep.7 Fibration I (Васил Гергински)
[49] Eine schöne Animation findet sich auf YouTube: Belt Trick (Jason Hise)
[50] Der britische Mathematiker Joy Christian betrachtet eine weitere 7-dimensionale Mannigfaltigkeit, vgl. arxiv.org/abs/1806.02392.
[51] Pais, Inward Bound (Clarendon Press, 1986), S. 388.
[52] R. Penrose, *The Road to Reality* (2005), S. 619.
[53] J. Christian, arxiv.org/abs/1806.02392, arxiv.org/abs/1911.11578.
[54] J. Christian, arxiv.org/abs/1704.02876
[55] B.O'Sullivan, arxiv.org/abs/1601.02569;arxiv.org/abs/1611.02569.
[56] Einstein, Albert (1917). Sitzungsb. König. Preuss. Akad. 142–152.
[57] A. Unzicker, arxiv.org/abs/gr-qc/0011064.

www.ingramcontent.com/pod-product-compliance
Lightning Source LLC
Chambersburg PA
CBHW021400210526
45463CB00001B/176